Henry Francis Blanford

Tables for the Reduction of meteorological Observations in

India

Henry Francis Blanford

Tables for the Reduction of meteorological Observations in India

ISBN/EAN: 9783337061005

Printed in Europe, USA, Canada, Australia, Japan

Cover: Foto ©ninafisch / pixelio.de

More available books at **www.hansebooks.com**

TABLES

FOR THE

REDUCTION OF METEOROLOGICAL OBSERVATIONS IN INDIA:

TO ACCOMPANY

THE "INDIAN METEOROLOGIST'S VADE-MECUM."

BY H. F. BLANFORD,

METEOROLOGICAL REPORTER TO THE GOVERNMENT OF INDIA.

CALCUTTA:
THACKER, SPINK, & CO., 5, GOVERNMENT PLACE.
BOMBAY: THACKER, & CO., RAMPART ROW.
1877.

CALCUTTA :
PRINTED BY THE SUPERINTENDENT OF GOVERNMENT PRINTING,
8, HASTINGS STREET.

PREFATORY NOTE.

THE tables here given have been compiled for the especial use of Meteorological observers in India. Those for the reduction of the barometric readings to the freezing point and to sea-level, are old and well-known tables, which may be found in many other publications of a similar character.* But the hygrometric tables have all been re-computed and adapted to the mean latitude of 22°.† The computation of the vapour tension tables has been much facilitated by the use of that very valuable and ingenious instrument, the arithmometer, (the invention of M. Thomas de Colmar). The use of this instrument has admitted of the calculation of the differences being carried out to eight places of decimals, when three or four only were required for the tables, and without an appreciable increase of labour; and greater accuracy has thereby been secured.

For the computation of the tables for use with the psychrometer, I have preferred August's formula as corrected by Regnault, having found by experiments with Regnault's hygrometer in the dry atmosphere of the interior of India and at high temperatures, that the results computed by that formula are the most satisfactory.

---

* Table I is reprinted from Colonel James's 'Instructions,' which is more comprehensive than others.
† The relative humidity tables are the same for all latitudes.

CONTENTS.

	PAGE.
USE OF THE TABLES	1

TABLE I.—For reducing the readings of barometers with brass scales to the temperature of the freezing point   7

    „   II.—For reducing observations of the barometer to sea-level . . .   16

    „   III.—Elastic force of aqueous vapour in inches of mercury at 0° Fahr., in the latitude of 22° at sea-level.   18

    „   IV.—For finding the tension of aqueous vapour in the air, in English inches, from the readings of the dry and wet bulb thermometers on the Fahrenheit scale, at the barometric pressure of 29·7 inches, and in the latitude of 22°   20

    „   V.—For finding the relative humidity of the air from readings of the dry and wet bulb Fahrenheit thermometers at the barometric pressure of 29·7 inches, in the latitude of 22°   30

    „   VI.—For finding the tension of vapour at the barometric pressure of 27·7 inches, in the same latitude   40

    „   VII.—For finding the relative humidity at the pressure of 27·7 inches, same latitude   48

    „   VIII.—For finding the tension of vapour at the barometric pressure of 25·8 inches, same latitude   56

    „   IX.—For finding the relative humidity at the pressure of 25·8 inches, same latitude   64

    „   X.—For finding the tension of vapour at the barometric pressure of 23·4 inches, same latitude   72

    „   XI.—For finding the relative humidity at the pressure of 23·4 inches, same latitude   76

    „   XII.—For finding the weight of water vapour in Troy grains in each cubic foot of air at each temperature and for each vapour tension as expressed in inches of mercury in latitude 22°   80

CORRIGENDA IN TABLES.

✓ Page 3, line 22, *for* ·0064, *read* ·007.
✓ ,, 3, ,, 23, ,, 30 × ·108, *read* 30 + ·108.
✓ ,, 3, ,, 24, ,, ·0064 × ·108 = ·0006912, *read* ·007 × ·108 = ·000756.
✓ ,, 5, ,, 15, ,, ·351, *read* ·352.
✓ ,, 5, lines 18, 30 and 33, *for* ·335, *read* ·337.
✓ ,, 5, line 23, *for* Table IV, *read* Table V.
✓ ,, 6, ,, 14, ,, 7·06, *read* 7·05.
✓ ,, 18, 4th column, line 9, *for* 0·621, *read* ·0621.
 The vapour tension for 7·6°.
✓ ,, 18, last column, line 9, *for* ·2246, *read* ·2846.
 This is the vapour tension at 43·6.
✓ ,, 19, column 14, *for* 1·9434, *read* 1·3434.
 This is the vapour tension at 88·4.
,, 22, $t'=52°$ $t-t'=$ 2·5, *for* ·256, *read* ·356.
,, 23, $t'=40°$ $t-t'=17·5$, ,, 0·19, ,, ·019.
,, 27, $t'=67°$ $t-t'=19·5$, ,, ·412, ,, ·402.
,, 27, $t'=72°$ $t-t'=26·5$, ,, ·427, ,, ·429.
,, 51, $t'=70°$ $t-t'=4°$, 4·5°, 5°, *insert* omitted numbers 81, 79, 77.
,, 51, $t'=76°$ $t-t'=0$, *for* 110, *read* 100.
,, 52, $t'=72°$ $t-t'=15·5$, ,, 4, ,, 45.
,, 77, $t'=32°$ $t-t'=17·5$, ,, 5, ,, 1.

N. B.—The above corrections should be made in ink in the Tables, before they are used.

TABLES

FOR THE

REDUCTION OF METEOROLOGICAL OBSERVATIONS IN INDIA.

USE OF THE TABLES.

TABLE I gives the corrections to be applied to the actual reading of a barometer with a brass scale at any given temperature, in order to find the height of the column exerting the same pressure at the temperature of melting ice. The formula by which such a table is computed is given at page 15.

If the reading of the barometer is within $+$ 0·1 or $-$ 0·1 of the value at the top of any column, find, in the first column, the temperature corresponding to that of the attached thermometer, and the figures in that line in the column of the observed pressure, is the correction. This is to be deducted if the temperature is above 28°, and to be added if below 29°.

If the barometer reading is not within 0·1 of the value which heads one of the columns, but the temperature of the attached thermometer is in integral degrees, the correction is found by interpolation according to the following rule :—

Rule.—*When the barometric reading to be reduced is intermediate between two values represented by columns in the Table, take from the Table the corrections for the pressures next above and below the reading; multiply the difference of these corrections by twice the difference of the barometric reading to be reduced and the lower of the tabular headings. The result, added to the tabular correction for the lower tabular pressure, gives the correction required.*

EXAMPLE.—Let the barometric reading be 29·720 and the temperature of the attached thermometer 85°,

From table with arguments 29·5 and 85 take — 0·149
Ditto   ditto   30·0 and 85 take — 0·151

Difference — 0·002

$$29·720 - 29·5 = 0·220$$
$$-·002 \times ·440 = -·00088$$
$$-(·149 + ·00088) = -·14988$$

instead of which we take — ·150
29·720
— ·150

29·570 = reduced reading.

If the reading of the attached thermometer is within $+$ 0·2 or $-$ 0·2 of an integral degree, the tabular correction for the integral degree may be taken. Otherwise, when great accuracy is required, a value is to be found by interpolation according to the rule above given, substituting the words 'thermometric' for 'barometric,' 'temperature' for 'pressure,' 'lines' for 'columns,' &c., and omitting the word 'twice' in the fourth line.

(2)

If neither the reading of the barometer nor that of the attached thermometer corresponds to those given in the tables within the limits already assigned, then a double process of interpolation is requisite, thus—

EXAMPLE.—Let the barometer reading be 29·720 and that of the attached thermometer 85·6.
Having found, as above, the correction —·14988 for temperature 85°, obtain that for 86° by a similar process. This is found to be ·15232. The difference is ·00244.

$$·00244 \times 0·6 = ·001464$$
$$-(·14988 + ·001464) = -·151344$$
instead of which we take — ·151
$$29·720$$
$$-\quad ·151$$

$$29·569 = \text{reduced reading.}$$

In general, interpolation for fractions of a degree is an unnecessary refinement.

TABLE II.—This table gives the height of the column of mercury, at 32° Fahrenheit, the weight of which equals that of a column of air of a given height and temperature, when the pressure at the sea-level is 30 inches. It is used for reducing to their equivalent values at sea-level, the barometric readings recorded at stations not more than 500 feet above that level.

To use the table, look down the first column for the value expressing the ascertained elevation of the barometer cistern; and along the headings of the subsequent columns for the temperature corresponding to the observed temperature of the external air (not that of the attached thermometer). At the intersection of that line and column, will be found the figures expressing the decimals of an inch, which are to be added to the barometric reading (previously reduced for temperature) to give its sea-level equivalent.

If this sea-level value is 30 inches, no further operation is required; but if it be less or more than 30 inches, a further correction is to be applied, which is obtained from the right-hand column. Let the value obtained by the first process be 30—d. Multiply by d the figures in the last column, on the line of the given elevation, and deduct the product from the value first found. If d is positive,—that is, if the value first found is higher than 30 inches,—then the correction is to be added.

EXAMPLE.—Required to find the sea-level equivalent of 29·403 (reduced reading) at a station 240 feet above the sea, the temperature of the external air being 80°.
With the arguments 240 feet (first column) and 80° (heading of column), take out the tabular value ·248:

$$29·403$$
$$·248$$

$$29·651$$

$$29·651 = 30 - ·349$$
The value in the last column on line 240 feet is ·009
$$·009 \times ·349 = ·003141$$
instead of which we take ·003 and deduct
$$29·651$$
$$·003$$

$$29·648$$

which is the sea-level value required.

If the temperature of the air and the elevation of the barometer are intermediate between the tabular values given, the correction is obtained by interpolation, as in the case of the previous table.

EXAMPLE.—Required the sea-level value of 29·916 at a station 184 feet above the sea-level, the temperature of the external air being 73·4°.

In line 180 and columns 70 and 80, take out the values ·189 and ·185; the difference is —·004 for the higher temperature:

$$-\frac{·004 \times 3·4}{10} = -·00136$$
$$·189 - ·00136 = ·18764$$

which is the correction for 180 feet.

In line 190 and columns 70° and 80°, take out ·200 and ·196; difference = — ·004, as before :
$$·200 - ·00136 = ·19864$$
which is the correction for 190 feet.

$$·19864 - ·18764 = ·011$$
$$\frac{·011 \times 4}{10} = ·0044;$$

which is the correction of 4 feet: adding this to the value found for 180 feet

·18764
·0044
―――
·19204

instead of which we take ·192

29·916
·192
―――
30·108

The value for 184 feet in the last column (obtained by interpolation between those for 180 and 190 feet) is ·0004; and

·007 30·108 = 30 ± ·108
·007 ·0004 × ·108 = ·0000012; ·000756
instead of which we take ·001

30·108
·001
―――
30·109

which is the sea-level value required.

It saves much trouble if a table is computed once for all for each station by the method above given; so that (the elevation being constant) the correction required may be taken out at once for a given pressure and temperature. The following is given as an example of such a table. It is for the observatory at Goalpára, where the barometer cistern is 386 feet above mean sea-level :—

Air temp.	Barometer reading.					Air temp.	Barometer reading.				
	29·0	29·2	29·4	29·6	29·8		29·0	29·2	29·4	29·6	29·8
40	·424	·427	·429	·432	·435	55	·410	·413	·416	·419	·421
41	·423	·426	·428	·431	·434	56	·409	·412	·415	·418	·421
42	·422	·425	·427	·430	·433	57	·408	·411	·414	·417	·420
43	·421	·424	·426	·429	·432	58	·408	·410	·413	·416	·419
44	·420	·423	·425	·428	·431	59	·407	·409	·412	·415	·418
45	·419	·422	·425	·427	·430	60	·406	·409	·411	·414	·417
46	·418	·421	·424	·427	·429	61	·405	·408	·411	·413	·416
47	·417	·420	·423	·426	·429	62	·404	·407	·410	·413	·415
48	·416	·419	·422	·425	·428	63	·403	·406	·409	·412	·414
49	·415	·418	·421	·424	·427	64	·402	·405	·408	·411	·414
50	·415	·417	·420	·423	·426	65	·402	·404	·407	·410	·413
51	·414	·416	·419	·423	·425	66	·401	·404	·406	·409	·412
52	·413	·415	·418	·421	·424	67	·400	·403	·405	·408	·411
53	·412	·415	·417	·420	·423	68	·399	·402	·405	·407	·410
54	·411	·414	·417	·419	·422	69	·398	·401	·404	·407	·409

Such a table should, of course, be extended to such limits of temperature and pressure as will comprehend the highest and lowest readings recorded at the station; and it may be further elaborated by interpolating the values for the alternate tenths of an inch, &c., according to convenience.

It is to be observed, in the use of all such tables, that the external temperature refers, strictly speaking, to the mean temperature of the column of air below the station down to sea-level. This may be obtained by adding 0·1 for every 90 feet of elevation to the air temperature observed at the station. But the correction thus introduced is scarcely appreciable in the result.

The table cannot be used for elevations greater than 500 feet. At higher stations it is better to use the table based on Laplace's barometric formula, which has been computed by Captain Allen Cunningham, R.E., published in the Roorkee Professional Papers on Indian Engineering, second series, No. CXIII.

TABLE III.—This table gives the tension of saturated aqueous vapour, in decimals of an inch of mercury at the temperature 32°, in latitude 22°, at the level of the sea. It has been reduced from the original table for the latitude of Dublin, computed by the Rev. Robert Dixon; by correcting his values for the difference of gravity, *viz.*, multiplying them by the constant factor 1·00286184.

The psychrometric tables which follow are all based on this table, and the computation has been chiefly made by the aid of the arithmometer.

The chief use of this table is in computing the humidity and vapour tension, from observations of the dry and wet bulb thermometers, by August's or Apjohn's formula; and for finding the dew point corresponding to that vapour tension.

August's formula, which has been used in computing the Tables IV to XI, is as follows:—

For temperatures of the *wet* bulb below 32°,
$$x = f' - \frac{\cdot 480\,(t-t')}{1240\cdot 2 - t'}\, h$$
and for temperatures of *wet* bulb above 32°
$$x = f' - \frac{\cdot 480\,(t-t')}{1130 - t'}\, h$$

wherein t and t' are the temperatures of the dry and wet bulb thermometers respectively, in Fahr. degrees, f' the tension of vapour at temperature t', h the reading of the barometer in inches, and x the tension of the vapour present in the air at the time of the observation.

The value of f' corresponding to t' is given by Table III, taking t' as the argument; and when x has been computed, the temperature which, in Table III, corresponds to x, is that of the dew point.

EXAMPLE.—Required the vapour tension and dew point of the atmosphere when the readings of the dry and wet bulb thermometers are 98°·1 and 63°·4, and the barometer reading (reduced to 32°) 29·763.

Here $t = 98°\cdot 1$, $t' = 63°\cdot 4$, and $(t-t') = 34\cdot 7$, $h = 29\cdot 763$ and, from the table, $f' = \cdot 5953$
$$x = \cdot 5953 - \frac{\cdot 480 \times 34\cdot 7}{1130 - 63\cdot 4}\; 29\cdot 763 = \cdot 1305$$
which is the vapour tension required.

The temperature in the table, corresponding to ·1304, is 24·4. This, therefore, is the computed dew point of the air at the time of the observation.

Tables IV, VI, VIII and X are given to save the trouble of calculation, and show at once the vapour tension corresponding to any given readings of the dry and wet bulb thermometers, when the pressures are respectively 29·7, 27·7, 25·8 and 23·4, these being the average pressures at stations (IV) at and near the sea-level, (VI) at 2,000 feet, (VIII) at 4,000 feet and (X) at 7,000 feet respectively. For all ordinary purposes the vapour tensions thus computed to a constant mean barometric pressure are sufficiently exact.

The use of the tables is very simple. Having corrected the readings of the dry and wet bulb thermometers for their errors of graduation, deduct that of the wet bulb t' from that of the dry bulb t. Then, in the left-hand column of the table, look out the temperature of the wet bulb, and in that line and in the column the heading of which is the difference $t-t'$ will be found the vapour tension required.

EXAMPLE.—At Házáribágh 2,010 feet above sea-level, the corrected temperature of the dry bulb is 103·2 and that of the wet bulb 70·5. Required the vapour tension.

$$\text{Here } t-t' = 32\cdot 7$$
$$t' = 70\cdot 5$$

and the station being 2,010 feet above sea-level, we use Table VI.

By the table in line 70° and column 32·5, vapour tension = ·327
Ditto   70°   ditto   33·   ditto   = ·321
Ditto   71°   ditto   32·5, ditto   = ·351 ·352
Ditto   71°   ditto   33·   ditto   = ·346

from which four values, by interpolating for the tenths of degrees in the manner already shown for the barometric Table I, we obtain ·335, which is the vapour tension required.

These tables, together with Table III, may be used to find the dew point of the air from observations of the dry and wet bulb thermometers. Having found the tension of vapour in the air by the help of the former, turn to Table III, and the temperature corresponding to that tension is the dew point required.

Tables ~~IV~~ V, VII, IX and XI are used in the same way as the foregoing, and give the relative humidity of the air corresponding to any observed temperatures of the dry and wet bulb thermometers for the same four values of mean pressure.

By the 'relative humidity' of the air is understood the proportion which the weight of water vapour present in the air bears to that which would saturate it at the temperature of the dry bulb. This, by Boyle's law, is directly as the proportion which the actual vapour tension bears to that of saturation, and the ratio is expressed as a percentage of the latter. Thus, in the example above given, ~~·335~~ ·337 is the actual vapour tension, and, by extending Table III up to the temperature of 103·2, we find that the vapour tension of saturation at that temperature is 2·1156. Hence the relative humidity

$$\frac{\cdot 337 \times 100}{2\cdot 1156} = 16 \text{ nearly}$$

which is the number given in Table VII for wet bulb temperature 70·5, and a difference of 32·7.

Table XII shows the weight of vapour (in Troy grains) in a cubic foot of air at different temperatures, when the vapour tension is given, the vapour tensions being expressed in terms of the gravitation of a column of mercury in latitude 22°. In computing this table, I have assumed the weight of a cubic foot of dry air at 30 inches pressure (in the latitude of Dublin), and at 32° Fahrenheit, to be 563 grains; and that water vapour weighs $\frac{9}{14\cdot 45}$ as much as dry air at the same pressure and temperature. Also, I have taken the expansion of water vapour at the same value as that of air, $viz.$, $\frac{1}{493}$ of the volume at 32° for each degree Fahrenheit. Hence at any temperature t the weight x of one cubic foot of vapour at pressure p is

$$x = \frac{563 \times 493}{461 + t} \times \frac{9}{14\cdot 45} \times \frac{p}{30 \times 1\cdot 00286}$$
$$= 5746\cdot 037 \frac{p}{461 + t}$$

The values have been computed for even thousandths, hundredths and tenths of an inch, and for one and two inches of pressure; and for the temperature of the freezing point and successive decrements and increments of 5 degrees between 2° and 127°; by the addition of which, the weights corresponding to all pressures up to 3 inches may be easily calculated.

EXAMPLE.—The tension of vapour in the air is found to be ·679, and the temperature 93°. What is the weight of vapour in the cubic foot?

For ·6 take 6·23 and 6·18, which are the values for that pressure in the columns for 92° and 97°; for ·07 the tensions 0·73 and 0·72 from the same columns; and for ·009 the value 0·09 from the same columns. Then, adding separately for the two temperatures—

6·23	6·18
·73	·72
·09	·09
7·05	6·99

the sums 7·05 and 6·99 represent the weights corresponding to 92° and 97°. The difference is 0·06. One-fifth of this deducted from 7·05, or four-fifths added to 6·99, gives 7·04 grains for the temperature 93°; which is the answer required.

(7)

TABLE I,

For reducing Observations of the Barometer to the Temperature of 32° Fahrenheit.

This Table is applicable only to Barometers with Brass Scales.

Tempera-ture, Fahrenheit.	REDUCTION OF THE BAROMETER TO 32° FAHRENHEIT.											Tempera-ture, Fahrenheit.
	HEIGHT OF THE BAROMETER IN INCHES, AND CORRECTION IN DECIMALS OF AN INCH.											
	13·5	14·0	14·5	15·0	15·5	16·0	16·5	17·0	17·5	18·0	18·5	19·0	
−10	+·047	+·049	+·050	+·052	+·054	+·056	+·057	+·059	+·061	+·062	+·064	+·066	−10
9	·046	·047	·049	·051	·052	·054	·056	·057	·059	·061	·062	·064	9
8	·044	·046	·048	·049	·051	·053	·054	·056	·058	·059	·061	·062	8
7	·043	·045	·046	·048	·050	·051	·053	·054	·056	·058	·059	·061	7
6	·042	·043	·045	·047	·048	·050	·051	·053	·054	·056	·057	·059	6
5	·041	·042	·044	·045	·047	·048	·050	·051	·053	·054	·056	·057	5
4	·040	·041	·042	·044	·045	·047	·048	·050	·051	·053	·054	·056	4
3	·038	·040	·041	·043	·044	·045	·047	·048	·050	·051	·052	·054	3
2	·037	·038	·040	·041	·043	·044	·045	·047	·048	·049	·051	·052	2
−1	·036	·037	·039	·040	·041	·042	·044	·045	·046	·048	·049	·050	−1
0	+·035	+·036	+·037	+·038	+·040	+·041	+·042	+·044	+·045	+·046	+·047	+·049	0
+1	·033	·035	·036	·037	·038	·040	·041	·042	·043	·045	·046	·047	+1
2	·032	·033	·035	·036	·037	·038	·039	·041	·042	·043	·044	·045	2
3	·031	·032	·033	·034	·036	·037	·038	·039	·040	·041	·042	·044	3
4	·030	·031	·032	·033	·034	·035	·036	·037	·039	·040	·041	·042	4
5	·029	·030	·031	·032	·033	·034	·035	·036	·037	·038	·039	·040	5
6	·027	·028	·029	·030	·031	·032	·033	·034	·035	·036	·037	·038	6
7	·026	·027	·028	·029	·030	·031	·032	·033	·034	·035	·036	·037	7
8	·025	·026	·027	·028	·029	·029	·030	·031	·032	·033	·034	·035	8
9	·024	·025	·025	·026	·027	·028	·029	·030	·031	·032	·032	·033	9
10	+·022	+·023	+·024	+·025	+·026	+·027	+·027	+·028	+·029	+·030	+·031	+·032	10
11	·021	·022	·023	·024	·024	·025	·026	·027	·028	·028	·029	·030	11
12	·020	·021	·022	·022	·023	·024	·024	·025	·026	·027	·027	·028	12
13	·019	·020	·020	·021	·022	·022	·023	·024	·024	·025	·026	·027	·13
14	·018	·018	·019	·020	·020	·021	·022	·022	·023	·023	·024	·025	14
15	·016	·017	·018	·018	·019	·019	·020	·021	·021	·022	·022	·023	15
16	·015	·016	·016	·017	·017	·018	·019	·019	·020	·020	·021	·021	16
17	·014	·014	·015	·016	·016	·017	·017	·018	·018	·019	·019	·020	17
18	·013	·013	·014	·014	·015	·015	·016	·016	·017	·017	·017	·018	18
19	·012	·012	·012	·013	·013	·014	·014	·015	·015	·015	·016	·016	19
20	+·010	+·011	+·011	+·011	+·012	+·012	+·013	+·013	+·013	+·014	+·014	+·015	20
21	·009	·009	·010	·010	·010	·011	·011	·011	·012	·012	·012	·013	21
22	·008	·008	·008	·009	·009	·009	·010	·010	·010	·011	·011	·011	22
23	·007	·007	·007	·007	·008	·008	·009	·008	·009	·009	·009	·009	23
24	·005	·006	·006	·006	·006	·006	·007	·007	·007	·007	·007	·008	24
25	·004	·004	·005	·005	·005	·005	·005	·005	·006	·006	·006	·006	25
26	·003	·003	·003	·003	·003	·004	·004	·004	·004	·004	·004	·004	26
27	·002	·002	·002	·002	·002	·002	·002	·002	·002	·002	·003	·003	27
28	·001	·001	·001	·001	·001	·001	·001	·001	·001	·001	·001	·001	28
29	−·001	−·001	−·001	−·001	−·001	−·001	−·001	−·001	−·001	−·001	−·001	−·001	29

(8)

TABLE I,
For reducing Observations of the Barometer to the Temperature of 32 Fahrenheit—(*continued*).

REDUCTION OF THE BAROMETER TO 32° FAHRENHEIT.

Temperature, Fahrenheit.	Height of the Barometer in Inches, and Correction in Decimals of an Inch.											Temperature, Fahrenheit.
	13·5	14·0	14·5	15·0	15·5	16·0	16·5	17·0	17·5	18·0	18·5	19·0	
°													°
30	−·002	−·002	−·002	−·002	−·002	−·002	−·002	−·002	−·002	−·002	−·002	−·003	30
31	·003	·003	·003	·003	·003	·003	·004	·004	·004	·004	·004	·004	31
32	·004	·004	·005	·005	·005	·005	·005	·005	·005	·006	·006	·006	32
33	·005	·006	·006	·006	·006	·006	·007	·007	·007	·007	·007	·008	33
34	·007	·007	·007	·007	·008	·008	·008	·008	·009	·009	·009	·009	34
35	·008	·008	·008	·009	·009	·009	·010	·010	·010	·010	·011	·011	35
36	·009	·009	·010	·010	·010	·011	·011	·011	·012	·012	·012	·013	36
37	·010	·011	·011	·011	·012	·012	·013	·013	·013	·014	·014	·014	37
38	·011	·012	·012	·013	·013	·014	·014	·014	·015	·015	·016	·016	38
39	·013	·013	·014	·014	·015	·015	·016	·016	·016	·017	·017	·018	39
40	−·014	−·014	−·015	−·015	−·016	−·016	−·017	−·018	−·018	−·019	−·019	−·020	40
41	·015	·016	·016	·017	·017	·018	·018	·019	·020	·020	·021	·021	41
42	·016	·017	·018	·018	·019	·019	·020	·021	·021	·022	·022	·023	42
43	·018	·018	·019	·019	·020	·021	·021	·022	·023	·023	·024	·025	43
44	·019	·019	·020	·021	·022	·022	·023	·024	·024	·025	·026	·026	44
45	·020	·021	·021	·022	·023	·024	·024	·025	·026	·027	·027	·028	45
46	·021	·022	·023	·023	·024	·025	·026	·027	·027	·028	·029	·030	46
47	·022	·023	·024	·025	·026	·026	·027	·028	·029	·030	·031	·031	47
48	·024	·024	·025	·026	·027	·028	·029	·030	·031	·031	·032	·033	48
49	·025	·026	·027	·028	·028	·029	·030	·031	·032	·033	·034	·035	49
50	−·026	−·027	−·028	−·029	−·030	−·031	−·032	−·033	−·034	−·035	−·036	−·037	50
51	·027	·028	·029	·030	·031	·032	·033	·034	·035	·036	·037	·038	51
52	·028	·029	·030	·032	·033	·034	·035	·036	·037	·038	·039	·040	52
53	·030	·031	·032	·033	·034	·035	·036	·037	·038	·039	·041	·042	53
54	·031	·032	·033	·034	·035	·036	·038	·039	·040	·041	·042	·043	54
55	·032	·033	·034	·036	·037	·038	·039	·040	·041	·043	·044	·045	55
56	·033	·034	·036	·037	·038	·039	·041	·042	·043	·044	·046	·047	56
57	·034	·036	·037	·038	·040	·041	·042	·043	·045	·046	·047	·048	57
58	·036	·037	·038	·040	·041	·042	·044	·045	·046	·047	·049	·050	58
59	·037	·038	·040	·041	·042	·044	·045	·046	·048	·049	·050	·052	59
60	−·038	−·039	−·041	−·042	−·044	−·045	−·047	−·048	−·049	−·051	−·052	−·054	60
61	·039	·041	·042	·044	·045	·046	·048	·049	·051	·052	·054	·055	61
62	·040	·042	·043	·045	·046	·048	·049	·051	·052	·054	·055	·057	62
63	·042	·043	·045	·046	·048	·049	·051	·052	·054	·055	·057	·059	63
64	·043	·044	·046	·048	·049	·051	·052	·054	·056	·057	·059	·060	64
65	·044	·046	·047	·049	·051	·052	·054	·055	·057	·059	·060	·062	65
66	·045	·047	·049	·050	·052	·054	·055	·057	·059	·060	·062	·064	66
67	·046	·048	·050	·052	·053	·055	·057	·058	·060	·062	·064	·065	67
68	·048	·049	·051	·053	·055	·056	·058	·060	·062	·064	·065	·067	68
69	·049	·051	·052	·054	·056	·058	·060	·062	·063	·065	·067	·069	69

(9)

TABLE I,
For reducing Observations of the Barometer to the Temperature of 32° Fahrenheit—*(continued)*.

Tempera-ture, Fahrenheit.	REDUCTION OF THE BAROMETER TO 32° FAHRENHEIT. Height of the Barometer in Inches and Correction in Decimals of an Inch.												Tempera-ture, Fahrenheit.
	13·5	14·0	14·5	15·0	15·5	16·0	16·5	17·0	17·5	18·0	18·5	19·0	
70	—·050	—·052	—·054	—·056	—·057	—·059	—·061	—·063	—·065	—·067	—·069	—·070	70
71	·051	·053	·055	·057	·059	·061	·062	·065	·066	·068	·070	·072	71
72	·052	·054	·056	·058	·061	·062	·064	·066	·068	·070	·072	·074	72
73	·054	·056	·058	·060	·062	·064	·066	·069	·070	·072	·074	·076	73
74	·055	·057	·059	·061	·063	·065	·067	·069	·071	·073	·075	·077	74
75	·056	·058	·060	·062	·064	·066	·068	·071	·073	·075	·077	·079	75
76	·057	·059	·062	·064	·066	·068	·070	·072	·074	·076	·078	·081	76
77	·058	·061	·063	·065	·067	·069	·071	·074	·076	·078	·080	·082	77
78	·060	·062	·064	·066	·068	·071	·073	·075	·077	·080	·082	·084	78
79	·061	·063	·065	·068	·070	·072	·074	·077	·079	·081	·083	·086	79
80	—·062	—·064	—·067	—·069	—·071	—·074	—·076	—·078	—·080	—·083	—·085	—·087	80
81	·063	·066	·068	·070	·073	·075	·077	·080	·082	·084	·087	·089	81
82	·064	·067	·069	·072	·074	·076	·079	·081	·084	·086	·088	·091	82
83	·066	·068	·070	·073	·075	·078	·080	·083	·085	·088	·090	·092	83
84	·067	·069	·072	·074	·077	·079	·082	·084	·087	·089	·092	·094	84
85	·068	·071	·073	·076	·078	·081	·083	·086	·088	·091	·093	·096	85
86	·069	·072	·074	·077	·079	·082	·085	·087	·090	·092	·095	·097	86
87	·070	·073	·076	·078	·081	·083	·086	·089	·091	·094	·097	·099	87
88	·072	·074	·077	·080	·082	·085	·088	·090	·093	·095	·098	·101	88
89	·073	·076	·078	·081	·084	·086	·089	·092	·094	·097	·100	·103	89
90	—·074	—·077	—·079	—·082	—·085	—·088	—·090	—·093	—·096	—·099	—·101	—·104	90
91	·075	·078	·081	·084	·086	·089	·092	·095	·097	·100	·103	·106	91
92	·076	·079	·082	·085	·088	·091	·093	·096	·099	·102	·105	·108	92
93	·078	·080	·083	·086	·089	·092	·095	·098	·101	·103	·106	·109	93
94	·079	·082	·085	·088	·090	·093	·096	·099	·102	·105	·108	·111	94
95	·080	·083	·086	·089	·092	·095	·098	·101	·104	·107	·110	·113	95
96	·081	·084	·087	·090	·093	·096	·099	·102	·105	·108	·111	·114	96
97	·082	·085	·088	·092	·095	·098	·101	·104	·107	·110	·113	·116	97
98	·084	·087	·090	·093	·096	·099	·102	·105	·108	·111	·115	·118	98
99	·085	·088	·091	·094	·097	·100	·104	·107	·110	·113	·116	·119	99
100	—·086	—·089	—·092	—·096	—·099	—·102	—·105	—·108	—·111	—·115	—·118	—·121	100
101	·087	·090	·094	·097	·100	·103	·107	·110	·113	·116	·119	·123	101
102	·088	·092	·095	·098	·101	·105	·108	·111	·115	·118	·121	·124	102
103	·090	·093	·096	·099	·103	·106	·109	·113	·116	·119	·123	·126	103
104	·091	·094	·097	·101	·104	·108	·111	·114	·118	·121	·124	·128	104
105	·092	·095	·099	·102	·106	·109	·112	·116	·119	·123	·126	·129	105
106	·093	·097	·100	·103	·107	·110	·114	·117	·121	·124	·128	·131	106
107	·094	·098	·101	·105	·108	·112	·115	·119	·122	·126	·129	·133	107
108	·096	·099	·103	·106	·110	·113	·117	·120	·124	·127	·131	·134	108
109	·097	·100	·104	·107	·111	·115	·118	·122	·125	·129	·132	·136	109
110	·098	·102	·105	·109	·112	·116	·120	·123	·127	·130	·134	·138	110

B

(10)

TABLE I,

For reducing Observations of the Barometer to the Temperature of 32° Fahrenheit—(continued).

Tempera-ture, Fahrenheit.	REDUCTION OF THE BAROMETER TO 32° FAHRENHEIT.											Tempera-ture, Fahrenheit.
	HEIGHT OF THE BAROMETER IN INCHES AND CORRECTION IN DECIMALS OF AN INCH.											
	19·5	20·0	20·5	21·0	21·5	22·0	22·5	23·0	23·5	24·0	24·5	25·0	
°−10	+·068	+·069	+·071	+·073	+·075	+·076	+·078	+·080	+·082	+·083	+·085	+·087	°−10
9	·066	·068	·069	·071	·073	·074	·076	·078	·079	·081	·083	·084	9
8	·064	·066	·067	·069	·071	·072	·074	·076	·077	·079	·081	·082	8
7	·062	·064	·066	·067	·069	·070	·072	·074	·075	·077	·078	·080	7
6	·061	·062	·064	·065	·067	·068	·070	·071	·073	·075	·076	·078	6
5	·059	·060	·062	·063	·064	·066	·068	·069	·071	·072	·074	·075	5
4	·057	·059	·060	·061	·063	·064	·066	·067	·069	·070	·072	·073	4
3	·055	·057	·058	·060	·060	·062	·064	·065	·067	·068	·069	·071	3
2	·054	·055	·056	·058	·058	·060	·062	·063	·064	·066	·067	·069	2
−1	·052	·053	·054	·056	·057	·058	·060	·061	·062	·064	·065	·066	−1
0	+·050	+·051	+·053	+·054	+·055	+·056	+·058	+·059	+·060	+·061	+·063	+·064	0
+1	·048	·049	·051	·052	·053	·054	·056	·057	·058	·059	·061	·062	+1
2	·046	·048	·049	·050	·051	·052	·054	·055	·056	·057	·058	·060	2
3	·045	·046	·047	·048	·049	·050	·052	·053	·054	·055	·056	·057	3
4	·043	·044	·045	·046	·047	·048	·050	·051	·052	·053	·054	·055	4
5	·041	·042	·043	·044	·045	·046	·048	·049	·050	·051	·052	·053	5
6	·039	·040	·042	·042	·044	·044	·046	·047	·048	·049	·050	·051	6
7	·038	·039	·040	·041	·042	·043	·044	·044	·046	·046	·047	·048	7
8	·036	·037	·038	·039	·040	·041	·041	·042	·043	·044	·045	·046	8
9	·034	·035	·036	·037	·038	·039	·039	·040	·041	·042	·043	·044	9
10	+·032	+·033	+·034	+·035	+·036	+·037	+·037	+·038	+·039	+·040	+·041	+·042	10
11	·031	·031	·032	·033	·034	·035	·035	·036	·037	·038	·039	·039	11
12	·029	·030	·030	·031	·032	·033	·033	·034	·035	·036	·036	·037	12
13	·027	·028	·029	·029	·030	·031	·031	·032	·033	·033	·034	·035	13
14	·025	·026	·027	·027	·028	·029	·029	·030	·031	·031	·032	·033	14
15	·024	·024	·025	·026	·026	·027	·027	·028	·029	·029	·030	·030	15
16	·022	·022	·023	·024	·024	·025	·025	·026	·026	·027	·028	·028	16
17	·020	·021	·021	·022	·022	·023	·023	·024	·024	·025	·025	·026	17
18	·018	·019	·019	·020	·020	·021	·021	·022	·022	·023	·023	·024	18
19	·017	·017	·018	·018	·018	·019	·019	·020	·020	·021	·021	·021	19
20	+·015	+·015	+·016	+·016	+·016	+·017	+·017	+·018	+·018	+·018	+·019	+·019	20
21	·013	·014	·014	·014	·015	·015	·015	·015	·016	·016	·017	·017	21
22	·011	·012	·012	·012	·013	·013	·013	·013	·014	·014	·014	·015	22
23	·010	·010	·010	·010	·011	·011	·011	·011	·012	·012	·012	·012	23
24	·008	·008	·009	·009	·009	·009	·009	·009	·010	·010	·010	·010	24
25	·006	·006	·007	·007	·007	·007	·007	·007	·007	·008	·008	·008	25
26	·004	·005	·005	·005	·005	·005	·005	·005	·005	·006	·006	·006	26
27	·003	·003	·003	·003	·003	·003	·003	·003	·003	·003	·003	·003	27
28	·001	·002	·001	·001	·001	·001	·001	·001	·001	·001	·001	·001	28
29	−·001	−·001	−·001	−·001	−·001	−·001	−·001	−·001	−·001	−·001	−·001	−·001	29

(11)

TABLE I,

For reducing Observations of the Barometer to the Temperature of 32° Fahrenheit—(*continued*).

Temperature, Fahrenheit.	REDUCTION OF THE BAROMETER TO 32° FAHRENHEIT. HEIGHT OF THE BAROMETER IN INCHES, AND CORRECTION IN DECIMALS OF AN INCH.												Temperature, Fahrenheit.
	19·5	20·0	20·5	21·0	21·5	22·0	22·5	23·0	23·5	24·0	24·5	25·0	
30	−·003	−·003	−·003	−·003	−·003	−·003	−·003	−·003	−·003	−·003	−·003	−·003	30
31	·004	·005	·005	·005	·005	·005	·005	·005	·005	·005	·006	·006	31
32	·006	·006	·006	·007	·007	·007	·007	·007	·007	·008	·008	·008	32
33	·008	·008	·008	·008	·009	·009	·009	·009	·010	·010	·010	·010	33
34	·010	·010	·010	·010	·011	·011	·011	·011	·012	·012	·012	·012	34
35	·011	·012	·012	·012	·013	·013	·013	·013	·014	·014	·014	·015	35
36	·013	·013	·014	·014	·014	·015	·015	·016	·016	·016	·017	·017	36
37	·015	·015	·016	·016	·016	·017	·017	·018	·018	·018	·019	·019	37
38	·017	·017	·017	·018	·018	·019	·019	·020	·020	·020	·021	·021	38
39	·018	·019	·019	·020	·020	·021	·021	·022	·022	·023	·023	·024	39
40	−·020	−·021	−·021	−·022	−·022	−·023	−·023	−·024	−·024	−·025	−·025	−·026	40
41	·022	·022	·023	·024	·024	·025	·025	·026	·026	·027	·027	·028	41
42	·024	·024	·025	·025	·026	·027	·027	·028	·028	·029	·030	·030	42
43	·025	·026	·027	·027	·028	·029	·029	·030	·031	·031	·032	·032	43
44	·027	·028	·029	·029	·030	·031	·031	·032	·033	·033	·034	·035	44
45	·029	·030	·030	·031	·032	·033	·033	·034	·035	·035	·036	·037	45
46	·031	·031	·032	·033	·034	·035	·035	·036	·037	·038	·038	·039	46
47	·032	·033	·034	·035	·036	·036	·037	·038	·039	·040	·041	·041	47
48	·034	·035	·036	·037	·338	·038	·039	·040	·041	·042	·043	·044	48
49	·036	·037	·038	·039	·040	·040	·041	·042	·043	·044	·045	·046	49
50	−·037	−·038	−·039	−·040	−·041	−·042	−·043	−·044	−·045	−·046	−·047	−·048	50
51	·039	·040	·041	·042	·043	·044	·045	·046	·047	·048	·049	·050	51
52	·041	·042	·043	·044	·045	·046	·047	·048	·049	·050	·052	·053	52
53	·043	·044	·045	·046	·047	·048	·049	·050	·052	·053	·054	·055	53
54	·044	·046	·047	·048	·049	·050	·051	·052	·054	·055	·056	·057	54
55	·046	·047	·049	·050	·051	·052	·053	·055	·056	·057	·058	·059	55
56	·048	·049	·050	·052	·053	·054	·055	·057	·058	·059	·060	·061	56
57	·050	·051	·052	·054	·055	·056	·057	·059	·060	·061	·062	·064	57
58	·051	·053	·054	·055	·057	·058	·059	·061	·062	·063	·065	·066	58
59	·053	·055	·056	·057	·059	·060	·061	·063	·064	·065	·067	·068	59
60	−·055	−·056	−·058	−·059	−·061	−·062	−·063	−·065	−·066	−·068	−·069	−·070	60
61	·057	·058	·060	·061	·062	·064	·065	·067	·068	·070	·071	·073	61
62	·058	·060	·061	·063	·064	·066	·067	·069	·070	·072	·073	·075	62
63	·060	·062	·063	·065	·066	·068	·069	·071	·072	·074	·076	·077	63
64	·062	·063	·065	·067	·068	·070	·071	·073	·075	·076	·078	·079	64
65	·064	·065	·067	·068	·070	·072	·073	·075	·077	·078	·080	·082	65
66	·065	·067	·069	·070	·072	·074	·075	·077	·079	·080	·082	·084	66
67	·067	·069	·071	·072	·074	·076	·077	·079	·081	·083	·084	·086	67
68	·069	·071	·072	·074	·076	·078	·079	·081	·083	·085	·086	·088	68
69	·071	·072	·074	·076	·078	·080	·081	·083	·085	·087	·089	·090	69

(12)

TABLE I,

For reducing Observations of the Barometer to the Temperature of 32° Fahrenheit—(continued).

Tempera-ture, Fahrenheit.	REDUCTION OF THE BAROMETER TO 32° FAHRENHEIT.											Tempera-ture, Fahrenheit.
	HEIGHT OF THE BAROMETER IN INCHES, AND CORRECTION IN DECIMALS OF AN INCH.											
	19·5	20·0	20·5	21·0	21·5	22·0	22·5	23·0	23·5	24·0	24·5	25·0	
70	−·072	−·074	−·076	−·078	−·080	−·082	−·083	−·085	−·087	−·089	−·091	−·093	70
71	·074	·076	·078	·080	·082	·083	·085	·087	·089	·091	·093	·095	71
72	·076	·078	·080	·082	·084	·085	·087	·089	·091	·093	·095	·097	72
73	·078	·079	·081	·083	·085	·087	·089	·091	·093	·095	·097	·099	73
74	·079	·081	·083	·085	·087	·089	·091	·093	·095	·098	·099	·102	74
75	·081	·083	·085	·087	·089	·091	·093	·095	·098	·100	·102	·104	75
76	·083	·085	·087	·089	·091	·093	·095	·097	·100	·102	·104	·106	76
77	·084	·087	·089	·091	·093	·095	·097	·100	·102	·104	·106	·108	77
78	·086	·088	·091	·093	·095	·097	·099	·102	·104	·106	·108	·110	78
79	·088	·090	·092	·095	·097	·099	·101	·104	·106	·108	·110	·113	79
80	−·090	−·092	−·094	−·096	−·099	−·101	−·103	−·106	−·108	−·110	−·113	−·115	80
81	·091	·094	·096	·098	·101	·103	·105	·108	·110	·112	·115	·117	81
82	·093	·095	·098	·100	·103	·105	·107	·110	·112	·114	·117	·119	82
83	·095	·097	·100	·102	·104	·107	·109	·112	·114	·117	·119	·121	83
84	·097	·099	·101	·104	·106	·109	·111	·114	·116	·119	·121	·124	84
85	·098	·101	·103	·106	·108	·111	·113	·116	·118	·121	·123	·126	85
86	·100	·102	·105	·108	·110	·114	·115	·118	·120	·123	·126	·128	86
87	·102	·104	·107	·109	·112	·115	·117	·120	·123	·125	·128	·130	87
88	·103	·106	·109	·111	·114	·117	·119	·122	·125	·127	·130	·133	88
89	·105	·108	·111	·113	·116	·119	·121	·124	·127	·129	·132	·135	89
90	−·107	−·109	−·112	−·115	−·118	−·121	−·123	−·126	−·129	−·131	−·134	−·137	90
91	·109	·111	·114	·117	·120	·122	·125	·128	·131	·134	·136	·139	91
92	·110	·113	·116	·119	·122	·125	·127	·130	·133	·136	·139	·141	92
93	·112	·115	·118	·121	·124	·126	·129	·132	·135	·138	·141	·144	93
94	·114	·117	·120	·122	·125	·128	·131	·134	·137	·140	·143	·146	94
95	·116	·118	·121	·124	·127	·130	·133	·136	·139	·142	·145	·148	95
96	·117	·120	·123	·126	·129	·132	·135	·138	·141	·144	·147	·150	96
97	·119	·122	·125	·128	·131	·134	·137	·140	·143	·146	·149	·152	97
98	·121	·124	·127	·130	·133	·136	·139	·142	·145	·148	·152	·155	98
99	·122	·125	·129	·132	·135	·138	·141	·144	·147	·151	·154	·157	99
100	−·124	−·127	−·131	−·134	−·137	−·140	−·143	−·146	−·150	−·153	−·156	−·159	100
101	·126	·129	·132	·136	·139	·142	·145	·148	·152	·155	·158	·161	101
102	·128	·131	·134	·137	·141	·144	·147	·151	·154	·157	·160	·164	102
103	·129	·133	·136	·139	·143	·146	·149	·153	·156	·159	·163	·166	103
104	·131	·134	·138	·141	·144	·148	·151	·155	·158	·161	·165	·168	104
105	·133	·136	·140	·143	·146	·150	·153	·157	·160	·163	·167	·170	105
106	·135	·138	·141	·145	·148	·152	·155	·159	·162	·166	·169	·172	106
107	·136	·140	·143	·147	·150	·154	·157	·161	·164	·168	·171	·175	107
108	·138	·141	·145	·149	·152	·156	·159	·163	·166	·170	·173	·177	108
109	·140	·143	·147	·150	·154	·158	·161	·165	·168	·172	·175	·179	109
110	·141	·145	·149	·152	·156	·159	·163	·167	·170	·174	·178	·181	110

(13)

TABLE I,

For reducing Observations of the Barometer to the Temperature of 32° Fahrenheit—(continued).

Temperature, Fahrenheit.	REDUCTION OF THE BAROMETER TO 32° FAHRENHEIT.												Temperature, Fahrenheit.
	HEIGHT OF THE BAROMETER IN INCHES, AND CORRECTION IN DECIMALS OF AN INCH.												
	25·5	26·0	26·5	27·0	27·5	28·0	28·5	29·0	29·5	30·0	30·5	31·0	
°−10	+·088	+·090	+·092	+·094	+·095	+·097	+·099	+·101	+·102	+·104	+·106	+·108	−10
9	·086	·088	·090	·091	·093	·095	·096	·098	·100	·101	·103	·105	9
8	·084	·085	·087	·089	·090	·092	·094	·095	·097	·099	·100	·102	8
7	·082	·083	·085	·086	·088	·090	·091	·093	·094	·096	·098	·099	7
6	·079	·081	·082	·084	·085	·087	·089	·090	·092	·093	·095	·096	6
5	·077	·078	·080	·081	·083	·084	·086	·087	·089	·090	·092	·094	5
4	·075	·076	·078	·079	·080	·082	·083	·085	·086	·088	·089	·091	4
3	·072	·074	·075	·077	·078	·079	·081	·082	·084	·085	·087	·088	3
2	·070	·071	·073	·074	·076	·077	·078	·080	·081	·082	·084	·085	2
−1	·068	·069	·070	·072	·073	·074	·076	·077	·078	·080	·081	·082	−1
0	+·065	+·067	+·068	+·069	+·071	+·072	+·073	+·074	+·076	+·077	+·078	+·080	0
+1	·063	·064	·065	·067	·068	·069	·071	·072	·073	·074	·076	·077	+1
2	·061	·062	·063	·064	·066	·067	·068	·069	·070	·072	·073	·074	2
3	·059	·060	·061	·062	·063	·064	·065	·067	·068	·069	·070	·071	3
4	·056	·057	·058	·059	·061	·062	·063	·064	·065	·066	·067	·068	4
5	·054	·055	·056	·057	·058	·059	·060	·061	·062	·063	·065	·066	5
6	·052	·053	·054	·055	·056	·057	·058	·059	·060	·061	·062	·063	6
7	·049	·050	·051	·052	·053	·054	·055	·056	·057	·058	·059	·060	7
8	·047	·048	·049	·050	·051	·052	·053	·054	·054	·055	·056	·057	8
9	·045	·046	·046	·047	·048	·049	·050	·051	·052	·053	·054	·054	9
10	+·042	+·043	+·044	+·045	+·046	+·047	+·047	+·048	+·049	+·050	+·051	+·052	10
11	·040	·041	·042	·042	·043	·044	·045	·046	·046	·047	·048	·049	11
12	·038	·039	·039	·040	·041	·042	·042	·043	·044	·045	·045	·046	12
13	·036	·036	·037	·038	·038	·039	·040	·040	·041	·042	·043	·043	13
14	·033	·034	·035	·035	·036	·037	·037	·038	·038	·039	·040	·040	14
15	·031	·032	·032	·033	·033	·034	·035	·035	·036	·036	·037	·038	15
16	·029	·029	·030	·030	·031	·032	·032	·033	·033	·034	·034	·035	16
17	·026	·027	·027	·028	·028	·029	·030	·030	·031	·031	·032	·032	17
18	·024	·025	·025	·025	·026	·026	·027	·027	·028	·028	·029	·029	18
19	·022	·022	·023	·023	·024	·024	·024	·025	·025	·026	·026	·027	19
20	+·020	+·020	+·020	+·021	+·021	+·021	+·022	+·022	+·023	+·023	+·023	+·024	20
21	·017	·018	·018	·018	·019	·019	·019	·020	·020	·020	·021	·021	21
22	·015	·015	·016	·016	·016	·016	·017	·017	·017	·018	·018	·018	22
23	·013	·013	·013	·013	·014	·014	·014	·014	·015	·015	·015	·015	23
24	·010	·011	·011	·011	·011	·011	·012	·012	·012	·012	·012	·013	24
25	·008	·008	·008	·009	·009	·009	·009	·009	·009	·009	·010	·010	25
26	·006	·006	·006	·006	·006	·006	·006	·007	·007	·007	·007	·007	26
27	·003	·004	·004	·004	·004	·004	·004	·004	·004	·004	·004	·004	27
28	·001	·001	·001	·001	·001	·001	·001	·001	·001	·001	·001	·001	28
29	−·001	−·001	−·001	−·001	−·001	−·001	−·001	−·001	−·001	−·001	−·001	−·001	29

(14)

TABLE I,

For reducing Observations of the Barometer to the Temperature of 32° Fahrenheit—*(continued)*.

Tempera-ture, Fahrenheit.	REDUCTION OF THE BAROMETER TO 32° FAHRENHEIT.												Tempera-ture, Fahrenheit.
	HEIGHT OF THE BAROMETER IN INCHES, AND CORRECTION IN DECIMALS OF AN INCH.												
	25·5	26·0	26·5	27·0	27·5	28.0	28·5	29·0	29·5	30·0	30·5	31·0	
30	−·004	−·004	−·004	−·004	−·004	−·004	−·004	−·004	−·004	−·004	−·004	−·004	30
31	·006	·006	·006	·006	·006	·006	·006	·007	·007	·007	·007	·007	31
32	·008	·008	·008	·008	·009	·009	·009	·009	·009	·009	·010	·010	32
33	·010	·011	·011	·011	·011	·011	·012	·012	·012	·012	·012	·012	33
34	·013	·013	·013	·013	·014	·014	·014	·014	·015	·015	·015	·015	34
35	·015	·015	·015	·016	·016	·016	·017	·017	·017	·018	·018	·018	35
36	·017	·017	·018	·018	·019	·019	·019	·019	·020	·020	·021	·021	36
37	·019	·020	·020	·021	·021	·021	·022	·022	·022	·023	·023	·024	37
38	·022	·022	·023	·023	·023	·024	·024	·025	·025	·026	·026	·026	38
39	·024	·024	·025	·025	·026	·026	·027	·027	·028	·028	·029	·029	39
40	−·026	−·027	−·027	−·028	−·028	−·029	−·029	−·030	−·030	−·031	−·031	−·032	40
41	·029	·029	·030	·030	·031	·031	·032	·033	·033	·034	·034	·035	41
42	·031	·031	·032	·033	·033	·034	·034	·035	·036	·036	·037	·037	42
43	·033	·034	·034	·035	·036	·036	·037	·038	·038	·039	·040	·040	43
44	·035	·036	·037	·037	·038	·039	·040	·040	·041	·042	·042	·043	44
45	·038	·038	·039	·040	·041	·041	·042	·043	·043	·044	·045	·046	45
46	·040	·041	·042	·042	·043	·044	·045	·045	·046	·047	·048	·049	46
47	·042	·043	·044	·045	·046	·046	·047	·048	·049	·050	·051	·051	47
48	·045	·045	·046	·047	·048	·049	·050	·051	·052	·052	·053	·054	48
49	·047	·048	·049	·050	·050	·051	·052	·053	·054	·055	·056	·057	49
50	−·049	−·050	−·051	−·052	−·053	−·054	−·055	−·056	−·057	−·058	−·059	−·060	50
51	·051	·052	·053	·054	·055	·056	·057	·058	·059	·060	·061	·062	51
52	·054	·055	·056	·057	·058	·059	·060	·061	·062	·063	·064	·065	52
53	·056	·057	·058	·059	·060	·061	·063	·064	·065	·066	·067	·068	53
54	·058	·059	·060	·062	·063	·064	·065	·066	·067	·068	·070	·071	54
55	·060	·062	·063	·064	·065	·066	·068	·069	·070	·071	·072	·073	55
56	·063	·064	·065	·066	·068	·069	·070	·071	·073	·074	·075	·076	56
57	·065	·066	·068	·069	·070	·071	·073	·074	·075	·076	·078	·079	57
58	·067	·069	·070	·071	·073	·074	·075	·077	·078	·079	·081	·082	58
59	·070	·071	·072	·074	·075	·076	·078	·079	·080	·082	·083	·085	59
60	−·072	−·073	−·075	−·076	−·077	−·079	−·080	−·082	−·083	−·085	−·086	−·087	60
61	·074	·075	·077	·078	·080	·081	·083	·084	·086	·087	·089	·090	61
62	·076	·078	·079	·081	·082	·084	·085	·087	·089	·090	·091	·093	62
63	·079	·080	·082	·083	·085	·086	·088	·089	·091	·093	·094	·096	63
64	·081	·082	·084	·086	·087	·089	·090	·092	·094	·095	·097	·099	64
65	·083	·085	·086	·088	·090	·091	·093	·095	·096	·098	·100	·101	65
66	·085	·087	·089	·090	·092	·094	·096	·097	·099	·101	·102	·104	66
67	·088	·089	·091	·093	·095	·096	·098	·100	·102	·103	·105	·107	67
68	·090	·092	·094	·095	·097	·099	·101	·102	·104	·106	·108	·109	68
69	·092	·094	·096	·098	·100	·101	·103	·105	·107	·109	·110	·112	69

(15)

TABLE I,

For reducing Observations of the Barometer to the Temperature of 32° Fahrenheit—(continued).

Tempera-ture, Fahrenheit.	REDUCTION OF THE BAROMETER TO 32° FAHRENHEIT. Height of the Barometer in Inches, and Correction in Decimals of an Inch.											Tempera-ture, Fahrenheit.
	25·5	26·0	26·5	27·0	27·5	28·0	28·5	29·0	29·5	30·0	30·5	31·0	
70	—·095	—·096	—·098	—·100	—·102	—·104	—·106	—·108	—·109	—·111	—·113	—·115	70
71	·097	·099	·101	·102	·104	·106	·108	·110	·112	·114	·116	·118	71
72	·099	·101	·103	·105	·107	·109	·111	·113	·115	·117	·119	·120	72
73	·101	·103	·105	·107	·109	·111	·113	·115	·117	·119	·121	·123	73
74	·104	·106	·108	·110	·112	·114	·116	·118	·120	·122	·124	·126	74
75	·106	·108	·110	·112	·114	·116	·118	·120	·122	·125	·127	·129	75
76	·108	·110	·112	·114	·117	·119	·121	·123	·125	·127	·129	·131	76
77	·110	·112	·115	·117	·119	·121	·123	·126	·128	·130	·132	·134	77
78	·113	·115	·117	·119	·122	·124	·126	·128	·130	·133	·135	·137	78
79	·115	·117	·119	·122	·124	·126	·128	·131	·133	·135	·137	·140	79
80	—·117	—·119	—·122	—·124	—·126	—·129	—·131	—·133	—·136	—·138	—·140	—·143	80
81	·119	·122	·124	·126	·129	·131	·134	·136	·138	·141	·143	·145	81
82	·122	·124	·126	·129	·131	·134	·136	·138	·141	·143	·146	·148	82
83	·124	·126	·129	·131	·134	·136	·139	·141	·143	·146	·148	·151	83
84	·126	·129	·131	·134	·136	·139	·141	·144	·146	·149	·151	·154	84
85	·128	·131	·133	·136	·139	·141	·144	·146	·149	·151	·154	·156	85
86	·131	·133	·136	·138	·141	·144	·146	·149	·151	·154	·156	·159	86
87	·133	·136	·138	·141	·143	·146	·149	·151	·154	·157	·159	·162	87
88	·135	·138	·141	·143	·146	·149	·151	·154	·157	·159	·162	·165	88
89	·137	·140	·143	·145	·148	·151	·154	·156	·159	·162	·165	·167	89
90	—·140	—·142	—·145	—·148	—·151	—·153	—·156	—·159	—·162	—·164	—·167	—·170	90
91	·142	·145	·148	·150	·153	·156	·159	·162	·165	·167	·170	·173	91
92	·144	·147	·150	·153	·156	·158	·161	·164	·167	·170	·172	·175	92
93	·147	·149	·152	·155	·158	·161	·164	·167	·170	·172	·175	·178	93
94	·149	·152	·155	·157	·161	·163	·166	·169	·172	·175	·177	·180	94
95	·151	·154	.157	·160	·163	·166	·169	·172	·175	·178	·180	·183	95
96	·153	·156	·159	·162	·165	·168	·171	·174	·178	·181	·183	·186	96
97	·156	·159	·162	·165	·168	·171	·174	·177	·180	·183	·186	·189	97
98	·158	·161	·164	·167	·170	·173	·176	·179	·183	·186	·188	·191	98
99	·160	·163	·166	·169	·173	·176	·179	·182	·185	·188	·191	·194	99
100	—·162	—·166	—·169	—·172	—·175	—·178	—·181	—·185	·188	—·191	—·194	—·197	100
101	·165	·168	·171	·174	·178	·181	·184	·187	·190	·194	·197	·200	101
102	·167	·170	·173	·177	·180	·183	·186	·190	·193	·196	·200	·203	102
103	·169	·172	·176	·179	·182	·186	·189	·192	·196	·199	·202	·206	103
104	·171	·175	·178	·181	·185	·188	.192	·195	·198	·202	·205	·208	104
105	·174	·177	·180	·184	·187	·191	·194	·197	·201	·204	·208	·211	105
106	·176	·179	·183	·186	·190	·193	·197	·200	·203	·207	·210	·214	106
107	·178	·182	·185	·189	·192	196	·199	·203	·206	·210	·213	·217	107
108	·180	·184	·187	·191	·195	·198	·202	·205	·209	·212	·216	·219	108
109	·183	·186	·190	·193	·197	·201	·204	·208	·211	·215	·218	·222	109
110	·185	·189	·192	·196	·199	·203	·207	·210	·214	·218	·221	·225	110

This table has been extended so as to include ranges of temperature from — 10° to 0°, and from 100° to 110° Fahrenheit and for inches below 20, by means of the formula (*h* being the reading of the barometer and *t* the temperature) :—

$$\text{Reduction} = h \frac{0\cdot 0001001\,(t-32)-0\cdot 00001043\,(t-62)}{1+0\cdot 0001001\,(t-32)}$$

which is the formula used by Schumacher in the construction of the original table. See *Sammlung von Hülfstafeln*, p. 187, New Ed. *Altona*, 1845.

(16)

TABLE II,
For reducing Observations of the Barometer to sea-level, correction additive.

Barometer reading at sea-level, 30 inches.

Height in feet.	TEMPERATURE OF EXTERNAL AIR—DEGREES, FAHRENHEIT.											Diff. for 1 inch.
	−20°	−10°	0°	10°	20°	30°	40°	50°	60°	70°	80°	90°	100°	
10	·013	·013	·012	·012	·012	·012	·011	·011	·011	·011	·010	·010	·010	·000
20	·026	·025	·025	·024	·023	·023	·023	·022	·022	·021	·021	·020	·020	·001
30	·039	·038	·037	·036	·035	·034	·034	·033	·032	·032	·031	·030	·030	·001
40	·052	·050	·049	·048	·047	·046	·045	·044	·043	·042	·041	·040	·040	·001
50	·065	·063	·061	·060	·059	·058	·056	·055	·054	·053	·052	·051	·050	·002
60	·077	·076	·074	·072	·070	·069	·068	·066	·065	·063	·062	·061	·059	·002
70	·090	·088	·086	·084	·082	·081	·079	·077	·076	·074	·072	·071	·069	·003
80	·103	·101	·098	·096	·094	·092	·090	·088	·086	·084	·082	·081	·079	·003
90	·116	·113	·111	·109	·105	·104	·101	·099	·097	·095	·093	·091	·089	·003
100	·129	·126	·123	·120	·117	·115	·112	·110	·108	·105	·103	·101	·099	·004
110	·142	·139	·135	·132	·129	·126	·123	·121	·119	·116	·113	·111	·109	·004
120	·155	·151	·148	·144	·140	·138	·134	·132	·129	·126	·124	·121	·119	·004
130	·168	·164	·160	·156	·152	·149	·146	·143	·140	·137	·134	·131	·129	·005
140	·181	·176	·172	·168	·164	·161	·157	·154	·151	·147	·144	·141	·139	·005
150	·194	·189	·185	·180	·176	·172	·168	·165	·162	·158	·155	·152	·149	·006
160	·206	·201	·197	·192	·187	·183	·179	·176	·172	·168	·165	·162	·158	·006
170	·219	·214	·209	·204	·199	·195	·190	·187	·183	·179	·175	·172	·168	·006
180	·232	·227	·222	·216	·211	·206	·202	·198	·194	·189	·185	·182	·178	·007
190	·245	·239	·234	·228	·222	·218	·213	·209	·204	·200	·196	·192	·188	·007
200	·258	·252	·246	·240	·234	·229	·224	·220	·215	·210	·206	·202	·198	·007
210	·271	·264	·258	·252	·246	·240	·235	·231	·226	·221	·216	·212	·208	·008
220	·284	·277	·270	·264	·257	·252	·246	·242	·236	·231	·227	·222	·218	·008
230	·296	·289	·283	·276	·269	·263	·257	·253	·247	·242	·237	·232	·228	·008
240	·309	·302	·295	·288	·281	·275	·269	·264	·258	·252	·248	·242	·238	·009
250	·322	·314	·307	·300	·293	·286	·280	·275	·269	·263	·258	·253	·248	·009

(17)

TABLE II,

For reducing Observations of the Barometer to sea-level, correction additive—(contd.).

Barometer reading at sea-level, 30 inches.

Height in feet	\-20°	\-10°	0°	10°	20°	30°	40°	50°	60°	70°	80°	90°	100°	Diff. for 1 inch
260	·335	·327	·319	·311	·304	·297	·291	·285	·279	·273	·268	·263	·257	·009
270	·348	·339	·331	·323	·316	·309	·302	·296	·290	·284	·278	·273	·267	·010
280	·360	·352	·344	·335	·328	·320	·314	·307	·301	·294	·288	·283	·277	·010
290	·373	·364	·356	·347	·339	·332	·325	·318	·311	·305	·299	·293	·287	·010
300	·386	·377	·368	·359	·351	·343	·336	·329	·322	·315	·309	·303	·297	·011
310	·399	·389	·380	·371	·363	·354	·347	·340	·333	·326	·319	·313	·307	·011
320	·412	·402	·392	·383	·374	·366	·358	·351	·343	·336	·329	·323	·317	·012
330	·424	·414	·404	·395	·386	·377	·369	·362	·354	·347	·340	·333	·326	·012
340	·437	·427	·416	·407	·397	·389	·380	·373	·365	·357	·350	·343	·336	·012
350	·450	·439	·429	·419	·409	·400	·392	·384	·376	·368	·360	·353	·346	·013
360	·463	·451	·441	·430	·421	·411	·403	·394	·386	·378	·370	·363	·356	·013
370	·476	·464	·453	·442	·432	·423	·414	·405	·397	·389	·380	·373	·366	·013
380	·488	·476	·465	·454	·444	·434	·425	·416	·408	·399	·391	·383	·375	·014
390	·501	·489	·477	·466	·455	·446	·436	·427	·418	·410	·401	·393	·385	·014
400	·514	·501	·489	·478	·467	·457	·447	·438	·429	·420	·411	·403	·395	·014
410	·527	·513	·501	·490	·479	·468	·458	·449	·440	·430	·421	·413	·405	·015
420	·539	·526	·513	·502	·490	·480	·469	·460	·450	·441	·431	·423	·415	·015
430	·552	·539	·525	·513	·502	·491	·480	·470	·461	·451	·442	·433	·425	·015
440	·565	·551	·537	·525	·513	·502	·491	·481	·471	·462	·452	·443	·434	·016
450	·578	·563	·550	·537	·525	·513	·503	·492	·482	·472	·462	·453	·444	·016
460	·590	·575	·562	·549	·537	·525	·514	·503	·493	·482	·472	·463	·454	·017
470	·603	·588	·574	·561	·548	·536	·525	·514	·503	·493	·482	·473	·464	·017
480	·616	·600	·586	·572	·560	·547	·536	·524	·514	·503	·493	·483	·474	·018
490	·628	·613	·598	·584	·571	·559	·547	·535	·524	·514	·503	·493	·483	·018
500	·641	·625	·610	·596	·583	·570	·558	·546	·535	·524	·513	·503	·493	·018

(18)

Table III.

Table of the Elastic Force of Vapour in inches of mercury in the latitude of 22° at sea-level, reduced from the table computed by the Reverend Robert Dixon from Regnault's original data.

°	Inch.	°	Inch.	°	Inch.	°	Inch.	°	Inch.	°	Inch.	°	Inch.	°	Inch.
0·0	·0440	6·0	·0578	12·0	·0755	18·0	·0985	24·0	·1282	30·0	·1665	36·0	·2126	42·0	·2680
·2	·0444	·2	·0583	·2	·0762	·2	·0994	·2	·1293	·2	·1679	·2	·2143	·2	·2700
·4	·0448	·4	·0589	·4	·0769	·4	·1003	·4	·1304	·4	·1694	·4	·2160	·4	·2721
·6	·0452	·6	·C594	·6	·0776	·6	·1012	·6	·1316	·6	·1709	·6	·2177	·6	·2742
·8	·0456	·8	·0599	·8	·0783	·8	·1021	·8	·1327	·8	·1723	·8	·2194	·8	·2762
1·0	·0460	7·0	·0605	13·0	·0790	19·0	·1030	25·0	·1339	31·0	·1738	37·0	·2210	43·0	·2783
·2	·0465	·2	·0610	·2	·0797	·2	·1039	·2	·1351	·2	·1754	·2	·2227	·2	·2804
·4	·0469	·4	·0616	·4	·0804	·4	·1048	·4	·1363	·4	·1769	·4	·2244	·4	·2825
·6	·0473	·6	·0621	·6	·0811	·6	·1057	·6	·1374	·6	·1784	·6	·2262	·6	·2846
·8	·0477	·8	·0627	·8	·0818	·8	·1066	·8	·1386	·8	·1800	·8	·2280	·8	·2868
2·0	·0482	8·0	·0632	14·0	·0825	20·0	·1076	26·0	·1399	32·0	·1815	38·0	·2298	44·0	·2890
·2	·0486	·2	·0636	·2	·0833	·2	·1085	·2	·1411	·2	·1830	·2	·2316	·2	·2912
·4	·0491	·4	·0644	·4	·0840	·4	·1095	·4	·1423	·4	·1844	·4	·2334	·4	·2934
·6	·0495	·6	·0649	·6	·0848	·6	·1104	·6	·1435	·6	·1859	·6	·2352	·6	·2957
·8	·0500	·8	·0655	·8	·0855	·8	·1114	·8	·1448	·8	·1874	·8	·2370	·8	·2980
3·0	·0504	9·0	·0661	15·0	·0863	21·0	·1124	27·0	·1461	33·0	·1888	39·0	·2358	45·0	·3003
·2	·0509	·2	·0667	·2	·0870	·2	·1134	·2	·1473	·2	·1903	·2	·2406	·2	·3026
·4	·0513	·4	·0673	·4	·0878	·4	·1144	·4	·1486	·4	·1918	·4	·2425	·4	·3049
·6	·0518	·6	·0679	·6	·0886	·6	·1154	·6	·1499	·6	·1934	·6	·2444	·6	·3072
·8	·0523	·8	·0685	·8	·0894	·8	·1164	·8	·1512	·8	·1949	·8	·2463	·8	·3094
4·0	·0527	10·0	·0691	16·0	·0902	22·0	·1174	28·0	·1526	34·0	·1965	40·0	·2482	46·0	·3117
·2	·0532	·2	·0697	·2	·0910	·2	·1184	·2	·1539	·2	·1980	·2	·2501	·2	·3140
·4	·0537	·4	·0704	·4	·0919	·4	·1195	·4	·1552	·4	·1996	·4	·2520	·4	·3163
·6	·0542	·6	0710	·6	·0927	·6	·1205	·6	·1566	·6	·2011	·6	·2539	·6	·3187
·8	·0547	·8	·0716	·8	·0935	·8	·1216	·8	·1579	·8	·2027	·8	·2559	·8	·3211
5·0	·0553	11·0	·0723	17·0	·0943	23·0	·1226	29·0	·1593	35·0	·2044	41·0	·2578	47·0	·3235
·2	·0558	·2	·0729	·2	·0951	·2	·1237	·2	·1606	·2	·2060	·2	·2598	·2	·3260
·4	·0563	·4	·0736	·4	·0960	·4	·1249	·4	·1622	·4	·2076	·4	·2619	·4	·3285
·6	·0568	·6	·0742	·6	·0968	·6	·1260	·6	·1636	·6	·2092	·6	·2639	·6	·3310
·8	·0573	·8	·0749	·8	·0977	·8	·1271	·8	·1650	·8	·2109	·8	·2659	·8	·3335

(19)

TABLE III.

Table of the Elastic Force of Vapour in inches of mercury in the latitude of 22° at sea-level, reduced from the table computed by the Reverend Robert Dixon from Regnault's original data—(*continued*).

°	Inch.	°	Inch.	°	Inch.	°	Inch.	°	Inch.	°	Inch.	°	Inch.	°	Inch.
48·0	·3359	54·0	·4187	60·0	·5193	66·0	·6406	72·0	·7863	78·0	·9604	84·0	1·1676	90·0	1·4128
·2	·3384	·2	·4217	·2	·5230	·2	·6451	·2	·7918	·2	·9667	·2	1·1752	·2	1·4218
·4	·3409	·4	·4249	·4	·5267	·4	·6495	·4	·7972	·4	·9731	·4	1·1828	·4	1·4307
·6	·3435	·6	·4280	·6	·5304	·6	·6540	·6	·8025	·6	·9795	·6	1·1904	·6	1·4397
·8	·3460	·8	·4311	·8	·5342	·8	·6586	·8	·8078	·8	·9860	·8	1·1980	·8	1·4488
49·0	·3486	55·0	·4341	61·0	·5379	67·0	·6631	73·0	·8132	79·0	·9926	85·0	1·2057	91·0	1·4579
·2	·3512	·2	·4372	·2	·5418	·2	·6676	·2	·8187	·2	·9992	·2	1·2135	·2	1·4670
·4	·3538	·4	·4403	·4	·5456	·4	·6722	·4	·8242	·4	1·0058	·4	1·2213	·4	1·4762
·6	·3564	·6	·4435	·6	·5495	·6	·6769	·6	·8297	·6	1·0124	·6	1·2291	·6	1·4854
·8	·3591	·8	·4467	·8	·5533	·8	·6816	·8	·8353	·8	1.0190	·8	1·2369	·8	1·4947
50·0	·3617	56·0	·4501	62·0	·5572	68·0	·6863	74·0	·8410	80·0	1·0256	86·0	1·2449	92·0	1·5041
·2	·3644	·2	·4534	·2	·5612	·2	·6909	·2	·8466	·2	1·0323	·2	1·2529	·2	1·5135
·4	·3671	·4	·4567	·4	·5652	·4	·6956	·4	·8523	·4	1·0391	·4	1·2609	·4	1·5229
·6	·3698	·6	·4600	·6	·5692	·6	·7004	·6	·8581	·6	1·0459	·6	1·2690	·6	1·5324
·8	·3725	·8	·4633	·8	·5731	·8	·7052	·8	·8638	·8	1·0527	·8	1·2771	·8	1·5419
51·0	·3753	57·0	·4666	63·0	·5771	69·0	·7101	75·0	·8696	81·0	1·0596	87·0	1·2852	93·0	1·5515
·2	·3780	·2	·4700	·2	·5812	·2	·7150	·2	·8754	·2	1·0664	·2	1·2934	·2	1·5612
·4	·3808	·4	·4733	·4	·5853	·4	·7199	·4	·8812	·4	1·0733	·4	1.3016	·4	1·5709
·6	·3837	·6	·4767	·6	·5894	·6	·7249	·6	·8872	·6	1·0803	·6	1·3099	·6	1·5806
·8	·3865	·8	·4801	·8	·5935	·8	·7298	·8	·8931	·8	1·0874	·8	1·3182	·8	1·5904
52·0	·3893	58·0	·4836	64·0	·5976	70·0	·7348	76·0	·8990	82·0	1·0946	88·0	1·3266	94·0	1·6003
·2	·3921	·2	·4870	·2	·6016	·2	·7398	·2	·9049	·2	1·1018	·2	1·3350	·2	1·6102
·4	·3950	·4	·4905	·4	·6060	·4	·7448	·4	·9109	·4	1·1090	·4	1·3434	·4	1·6202
·6	·3979	·6	·4941	·6	·6102	·6	·7499	·6	·9169	·6	1·1162	·6	1·3519	·6	1·6303
·8	·4008	·8	·4976	·8	·6145	·8	·7550	·8	·9230	·8	1·1234	·8	1·3605	·8	1·6403
53·0	·4037	59·0	·5011	65·0	·6188	71·0	·7602	77·0	·9292	83·0	1·1306	89·0	1·3691	95·0	1·6504
·2	·4067	·2	·5047	·2	·6231	·2	·7654	·2	·9354	·2	1·1379	·2	1·3778	·2	1·6606
·4	·4096	·4	·5083	·4	·6274	·4	·7706	·4	·9417	·4	1·1453	·4	1·3865	·4	1·6709
·6	·4126	·6	·5119	·6	·6318	·6	·7759	·6	·9479	·6	1·1527	·6	1·3952	·6	1·6812
8·	·4156	·8	·5156	·8	·6362	·8	·7811	·8	·9542	·8	1·1601	·8	1·4040	·8	1·6915

(20)

TABLE IV,

For finding the Tension of Vapour in the Air, in English inches, from the readings of the dry *t* and wet bulb *t'* thermometers, at the mean barometric pressure of 29·7 inches and in the latitude of 22°.

Wet bulb *t'*.	Values of *t—t'* in degrees, Fahrenheit.													
	0	0·5	1	1·5	2	2·5	3	3·5	4	4·5	5	5·5	6	6·5
0	·044	·038	·033	·027	·021	·015	·010	·004						
1	·046	·040	·035	·029	·023	·017	·012	·006						
2	·048	·042	·037	·031	·025	·019	·014	·008	·002					
3	·050	·045	·039	·033	·027	·022	·016	·010	·004					
4	·053	·047	·041	·035	·030	·024	·018	·012	·007	·001				
5	·055	·050	·044	·038	·032	·026	·021	·015	·009	·003				
6	·058	·052	·046	·041	·035	·029	·023	·017	·012	·006				
7	·061	·055	·049	·043	·037	·032	·026	·020	·014	·009	·003			
8	·063	·057	·052	·046	·040	·034	·029	·023	·017	·011	·005			
9	·066	·060	·055	·049	·043	·037	·031	·026	·020	·014	·008	·002		
10	·069	·063	·058	·052	·046	·040	·034	·029	·023	·017	·011	·005		
11	·072	·067	·061	·055	·049	·043	·038	·032	·026	·020	·014	·009	·003	
12	·076	·070	·064	·058	·052	·047	·041	·035	·029	·023	·018	·012	·006	
13	·079	·073	·067	·062	·056	·050	·044	·038	·033	·027	·021	·015	·009	·004
14	·083	·077	·071	·065	·059	·053	·048	·042	·036	·030	·024	·019	·013	·007
15	·086	·081	·075	·069	·063	·057	·051	·046	·040	·034	·028	·022	·017	·011
16	·090	·084	·079	·073	·067	·061	·055	·049	·044	·038	·032	·026	·020	·015
17	·094	·089	·083	·077	·071	·065	·059	·054	·048	·042	·036	·030	·024	·019
18	·099	·093	·087	·081	·075	·069	·064	·058	·052	·046	·040	·034	·029	·023
19	·103	·097	·091	·086	·080	·074	·068	·062	·056	·051	·045	·039	·032	·027
20	·108	·102	·096	·090	·084	·078	·073	·067	·061	·055	·049	·043	·038	·032
21	·112	·107	·101	·095	·089	·083	·077	·072	·066	·060	·054	·048	·042	·036
22	·117	·112	·106	·100	·094	·088	·082	·076	·071	·065	·059	·053	·047	·041
23	·123	·117	·111	·105	·099	·093	·088	·082	·076	·070	·064	·058	·052	·047
24	·128	·122	·117	·111	·105	·099	·093	·087	·081	·076	·070	·064	·058	·052
25	·134	·128	·122	·116	·110	·105	·099	·093	·087	·081	·075	·069	·064	·058
26	·140	·134	·128	·122	·116	·111	·105	·099	·093	·087	·081	·075	·070	·064
27	·146	·140	·134	·129	·123	·117	·111	·105	·099	·093	·087	·082	·076	·070
28	·153	·147	·141	·135	·129	·123	·117	·111	·106	·100	·094	·088	·082	·076
29	·159	·153	·148	·142	·136	·130	·124	·118	·112	·106	·100	·095	·089	·083

(21)

TABLE IV,

For finding the Tension of Vapour in the Air, in English inches, from the readings of the dry t and wet bulb t' thermometers, at the mean barometric pressure of 29·7 inches and in the latitude of 22°—(*continued*).

Wet bulb t'.	VALUES OF $t-t'$ IN DEGREES, FAHRENHEIT.												
	7	7·5	8	8·5	9	9·5	10	10·5	11	11·5	12	12·5	13	13·5
0														
1														
2														
3														
4														
5														
6														
7														
8														
9														
10														
11														
12														
13														
14	·001													
15	·005													
16	·009	·003												
17	·013	·007	·001											
18	·017	·011	·005											
19	·021	·015	·010	·004										
20	·026	·020	·014	·008	·003									
21	·031	·025	·019	·013	·007	·001								
22	·036	·030	·024	·018	·012	·006								
23	·041	·035	·029	·023	·017	·011	·006							
24	·046	·040	·034	·029	·023	·017	·011	·005						
25	·052	·046	·040	·034	·028	·023	·017	·011	·005					
26	·058	·052	·046	·040	·034	·028	·023	·017	·011	·005				
27	·064	·058	·052	·046	·040	·035	·029	·023	·017	·011	·005			
28	·070	·064	·059	·053	·047	·041	·035	·029	·023	·017	·012	·006		
29	·077	·071	·065	·059	·053	·048	·042	·036	·030	·024	·018	·012	·006	

(22)

TABLE IV,

For finding the Tension of Vapour in the Air, in English inches, from the readings of the dry t and wet bulb t' thermometers, at the mean barometric pressure of 29·7 inches in the latitude of 22°—(*continued*).

Wet bulb t'.	Values of $t-t'$ in Degrees, Fahrenheit.																	
	0	0·5	1	1·5	2	2·5	3	3·5	4	4·5	5	5·5	6	6·5	7	7·5	8	8·5
30	·167	·161	·155	·149	·143	·137	·131	·125	·119	·114	·108	·102	·096	·000	·084	·078	·072	·066
31	·174	·168	·162	·156	·150	·144	·138	·133	·127	·121	·115	·109	·103	·097	·091	·085	·080	·074
32	·182	·175	·169	·162	·156	·149	·143	·136	·130	·123	·117	·110	·104	·097	·091	·084	·078	·071
33	·189	·182	·176	·169	·163	·156	·150	·143	·137	·130	·124	·117	·111	·104	·098	·091	·085	·078
34	·197	·190	·184	·177	·171	·164	·158	·151	·145	·138	·132	·125	·119	·112	·105	·099	·092	·086
35	·204	·198	·191	·185	·178	·172	·165	·159	·152	·146	·139	·133	·126	·120	·113	·107	·100	·094
36	·213	·206	·200	·193	·187	·180	·174	·167	·161	·154	·147	·141	·134	·128	·121	·115	·108	·102
37	·221	·215	·208	·201	·195	·188	·182	·175	·169	·162	·156	·149	·143	·136	·130	·123	·117	·110
38	·230	·223	·217	·210	·204	·197	·191	·184	·178	·171	·165	·158	·152	·145	·138	·132	·125	·119
39	·239	·232	·226	·219	·213	·206	·200	·193	·187	·180	·174	·167	·160	·154	·147	·141	·134	·128
40	·248	·242	·235	·229	·222	·216	·209	·202	·196	·189	·183	·176	·170	·163	·157	·150	·144	·137
41	·258	·251	·245	·238	·232	·225	·219	·212	·205	·199	·192	·186	·179	·173	·166	·160	·153	·147
42	·268	·261	·255	·248	·242	·235	·229	·222	·216	·209	·203	·196	·189	·183	·176	·170	·163	·157
43	·278	·272	·265	·259	·252	·246	·239	·232	·226	·219	·213	·206	·200	·193	·187	·180	·173	·167
44	·289	·282	·276	·269	·263	·256	·250	·243	·237	·230	·223	·217	·210	·204	·197	·191	·184	·177
45	·300	·294	·287	·281	·274	·268	·261	·254	·248	·241	·235	·228	·222	·215	·208	·202	·195	·189
46	·312	·305	·299	·292	·285	·279	·272	·266	·259	·253	·246	·239	·233	·226	·220	·213	·207	·200
47	·324	·317	·310	·304	·297	·291	·284	·277	·271	·264	·258	·251	·245	·238	·231	·225	·218	·212
48	·336	·329	·323	·316	·310	·303	·296	·290	·283	·277	·270	·263	·257	·250	·244	·237	·231	·224
49	·349	·342	·335	·329	·322	·316	·309	·302	·296	·289	·283	·276	·270	·263	·256	·250	·243	·237
50	·362	·355	·349	·342	·335	·329	·322	·316	·309	·302	·296	·289	·283	·276	·269	·263	·256	·250
51	·375	·369	·362	·356	·349	·342	·336	·329	·323	·316	·309	·303	·296	·289	·283	·276	·270	·263
52	·389	·383	·376	·370	·363	·256	·350	·343	·336	·330	·323	·317	·310	·303	·297	·290	·284	·277
53	·404	·397	·391	·384	·377	·371	·364	·357	·351	·344	·338	·331	·324	·318	·311	·304	·298	·291
54	·419	·412	·406	·399	·392	·396	·379	·372	·366	·359	·353	·346	·339	·333	·326	·319	·313	·306
55	·434	·428	·421	·414	·408	·401	·394	·388	·381	·374	·368	·361	·355	·348	·341	·335	·328	·321
56	·450	·444	·437	·430	·424	·417	·410	·404	·397	·390	·384	·377	·371	·364	·357	·351	·344	·337
57	·467	·460	·453	·447	·440	·433	·427	·420	·414	·407	·400	·394	·387	·380	·374	·367	·360	·354
58	·484	·477	·470	·464	·457	·450	·444	·437	·430	·424	·417	·411	·404	·397	·391	·384	·377	·371
59	·501	·494	·488	·481	·475	·468	·461	·455	·448	·441	·435	·428	·421	·415	·408	·401	·395	·388

(23)

TABLE IV,

For finding the Tension of Vapour in the Air, in English inches, from the readings of the dry t and wet bulb t' thermometers, at the mean barometric pressure of 29·7 inches and in the latitude of 22°—(*continued*).

Wet bulb t'.	Values of $t-t'$ in Degrees, Fahrenheit.																	
	9	9·5	10	10·5	11	11·5	12	12·5	13	13·5	14	14·5	15	15·5	16	16·5	17	17·5
30	·061	·055	·049	·043	·037	·031	·025	·019	·013	·008	·002							
31	·068	·062	·056	·050	·044	·038	·032	·026	·021	·015	·009	·003						
32	·065	·068	·052	·045	·039	·032	·026	·019	·013	·006								
33	·072	·065	·059	·052	·040	·039	·033	·026	·020	·013	·007							
34	·079	·073	·066	·060	·053	·047	·040	·034	·027	·021	·014	·008	·001					
35	·087	·081	·074	·068	·061	·055	·048	·042	·035	·029	·022	·016	·009	·003				
36	·095	·089	·082	·076	·069	·063	·056	·050	·043	·037	·030	·024	·017	·011	·004			
37	·104	·097	·091	·084	·078	·071	·065	·058	·051	·045	·038	·032	·025	·019	·012	·006		
38	·112	·106	·099	·093	·086	·080	·073	·067	·061	·054	·047	·041	·034	·027	·021	·014	·008	·001
39	·121	·115	·108	·102	·095	·089	·082	·076	·069	·062	·056	·049	·043	·036	·030	·023	·017	·010
40	·131	·124	·117	·111	·104	·098	·092	·085	·078	·072	·065	·059	·052	·046	·039	·032	·026	0·19
41	·140	·133	·127	·120	·114	·107	·101	·094	·088	·081	·075	·068	·061	·055	·048	·042	·035	·029
42	·150	·144	·137	·130	·124	·117	·111	·104	·098	·091	·085	·078	·072	·065	·058	·052	·045	·039
43	·160	·154	·147	·141	·134	·128	·121	·114	·108	·101	·095	·088	·082	·075	·069	·062	·055	·049
44	·171	·164	·158	·151	·145	·138	·132	·125	·118	·112	·105	·099	·092	·086	·079	·072	·066	·059
45	·182	·176	·169	·162	·156	·149	·143	·136	·130	·123	·116	·110	·103	·097	·090	·084	·077	·070
46	·193	·187	·180	·174	·167	·161	·154	·147	·141	·134	·128	·121	·114	·108	·101	·095	·088	·082
47	·205	·198	·192	·185	·179	·172	·166	·159	·152	·146	·139	·133	·126	·120	·113	·106	·100	·093
48	·217	·211	·204	·198	·191	·184	·178	·171	·165	·158	·151	·145	·138	·132	·125	·119	·112	·105
49	·230	·223	·217	·210	·204	·197	·190	·184	·177	·171	·164	·157	·151	·144	·138	·131	·124	·118
50	·243	·236	·230	·223	·217	·210	·203	·197	·190	·184	·177	·170	·164	·157	·151	·144	·137	·131
51	·256	·250	·243	·237	·230	·223	·217	·210	·204	·197	·190	·184	·177	·171	·164	·157	·151	·144
52	·270	·264	·257	·250	·244	·237	·231	·224	·217	·211	·204	·198	·191	·184	·178	·171	·165	·158
53	·285	·278	·271	·264	·258	·252	·245	·238	·232	·225	·218	·212	·205	·199	·192	·185	·179	·172
54	·300	·293	·286	·280	·273	·266	·260	·253	·247	·240	·233	·227	·220	·213	·207	·200	·194	·187
55	·315	·308	·302	·295	·288	·282	·275	·268	·262	·255	·248	·242	·235	·229	·222	·215	·209	·202
56	·331	·324	·317	·311	·304	·298	·291	·284	·278	·271	·264	·258	·251	·244	·238	·231	·224	·218
57	·347	·340	·334	·327	·321	·314	·307	·301	·294	·287	·281	·274	·267	·261	·254	·247	·241	·234
58	·364	·357	·351	·344	·337	·331	·324	·317	·311	·304	·297	·291	·284	·278	·271	·264	·258	·251
59	·381	·375	·368	·361	·355	·348	·341	·335	·328	·321	·315	·308	·301	·295	·288	·282	·275	·268

(24)

TABLE IV,

For finding the Tension of Vapour in the Air, in English inches, from the readings of the dry t and wet bulb t' thermometers, at the mean barometric pressure of 29·7 inches and in the latitude of 22°—(*continued*).

Wet bulb t'.	Values of $t-t'$ in degrees, Fahrenheit.																	
	18	18·5	19	19·5	20	20·5	21	21·5	22	22·5	23	23·5	24	24·5	25	25·5	26	26·5
30																		
31																		
32																		
33																		
34																		
35																		
36																		
37																		
38																		
39	·004																	
40	·013	·006																
41	·022	·016	·009	·003														
42	·032	·026	·019	·013	·006													
43	·043	·036	·029	·023	·016	·009	·003											
44	·053	·046	·040	·033	·027	·020	·013	·007										
45	·064	·057	·051	·044	·038	·031	·024	·018	·011	·005								
46	·075	·068	·062	·055	·049	·042	·036	·029	·022	·016	·009	·003						
47	·087	·080	·073	·067	·060	·054	·047	·041	·034	·027	·021	·014	·008					
48	·099	·092	·086	·079	·072	·066	·059	·053	·046	·039	·033	·026	·020	·013	·007			
49	·111	·105	·098	·091	·085	·078	·072	·065	·059	·052	·045	·039	·032	·026	·019	·012	·006	
50	·124	·118	·111	·104	·098	·091	·085	·078	·071	·065	·058	·052	·045	·038	·032	·025	·019	·012
51	·138	·131	·124	·118	·111	·104	·098	·091	·085	·078	·071	·065	·058	·052	·045	·039	·032	·025
52	·151	·145	·138	·131	·125	·118	·112	·105	·098	·092	·085	·070	·072	·065	·059	·052	·046	·039
53	·165	·159	·152	·146	·139	·132	·126	·119	·113	·106	·099	·093	·086	·079	·073	·066	·060	·053
54	·180	·174	·167	·160	·154	·147	·141	·134	·127	·121	·114	·107	·101	·094	·088	·081	·074	·068
55	·195	·189	·182	·176	·169	·162	·156	·149	·142	·136	·129	·123	·116	·109	·103	·096	·089	·083
56	·211	·205	·198	·191	·185	·178	·171	·165	·158	·151	·145	·138	·132	·125	·118	·112	·105	·098
57	·228	·221	·214	·208	·201	·194	·188	·181	·174	·168	·161	·154	·148	·141	·135	·128	·121	·115
58	·244	·238	·231	·224	·218	·211	·204	·198	·191	·184	·178	·171	·164	·158	·151	·145	·138	·131
59	·262	·255	·248	·242	·235	·228	·222	·215	·209	·202	·195	·188	·182	·175	·168	·162	·155	·148

(25)

TABLE IV,

For finding the Tension of Vapour in the Air, in English inches, from the readings of the dry t and wet bulb t' thermometers, at the mean barometric pressure of 29·7 inches and in the latitude of 22°—(continued).

Wet bulb t'.	VALUES OF $t-t'$ IN DEGREES, FAHRENHEIT.																		
	0	0·5	1	1·5	2	2·5	3	3·5	4	4·5	5	5·5	6	6·5	7	7·5	8	8·5
60	·519	·513	·506	·499	·493	·486	·479	·473	·466	·459	·453	·446	·439	·433	·426	·419	·413	·406
61	·538	·531	·525	·518	·511	·505	·498	·491	·485	·478	·471	·465	·458	·451	·445	·438	·431	·425
62	·557	·551	·544	·537	·531	·524	·517	·511	·504	·497	·491	·484	·477	·470	·464	·457	·450	·444
63	·577	·570	·564	·557	·550	·544	·537	·530	·524	·517	·510	·504	·497	·490	·484	·477	·470	·464
64	·598	·591	·584	·578	·571	·564	·558	·551	·544	·537	·531	·524	·517	·511	·504	·497	·491	·484
65	·619	·612	·605	·599	·592	·585	·579	·572	·565	·559	·552	·545	·539	·532	·525	·518	·512	·505
66	·641	·634	·627	·621	·614	·607	·600	·594	·587	·580	·574	·567	·560	·554	·547	·540	·533	·527
67	·663	·656	·650	·643	·636	·630	·623	·616	·610	·603	·596	·589	·583	·576	·569	·563	·556	·549
68	·686	·680	·673	·666	·660	·653	·646	·639	·633	·626	·619	·613	·606	·599	·592	·586	·579	·572
69	·710	·703	·697	·690	·683	·677	·670	·663	·656	·650	·643	·636	·630	·623	·616	·609	·603	·596
70	·735	·728	·721	·715	·708	·701	·695	·688	·681	·674	·668	·661	·654	·647	·641	·634	·627	·621
71	·760	·754	·747	·740	·733	·727	·720	·713	·706	·700	·693	·686	·679	·673	·666	·659	·653	·646
72	·786	·780	·773	·766	·759	·753	·746	·739	·732	·726	·719	·712	·706	·699	·692	·685	·679	·672
73	·813	·807	·800	·793	·786	·780	·773	·766	·759	·753	·746	·739	·732	·726	·719	·712	·705	·699
74	·841	·834	·828	·821	·814	·807	·801	·794	·787	·780	·774	·767	·760	·753	·747	·740	·733	·726
75	·870	·863	·856	·849	·843	·836	·829	·822	·816	·809	·802	·795	·789	·782	·775	·768	·762	·755
76	·899	·893	·886	·879	·872	·865	·858	·852	·845	·838	·831	·825	·818	·811	·804	·798	·791	·784
77	·929	·922	·916	·909	·902	·895	·889	·882	·875	·868	·862	·855	·848	·841	·834	·828	·821	·814
78	·960	·954	·947	·940	·933	·927	·920	·913	·906	·899	·893	·886	·879	·872	·866	·859	·852	·845
79	·993	·986	·979	·972	·966	·959	·952	·945	·938	·932	·925	·918	·911	·904	·898	·891	·884	·877
80	1·026	1·019	1·012	1·005	·998	·992	·985	·978	·971	·965	·958	·951	·944	·937	·931	·924	·917	·910
81	1·060	1·053	1·046	1·039	1·032	1·026	1·019	1·012	1·005	·998	·992	·985	·978	·971	·965	·958	·951	·944
82	1·095	1·088	1·081	1·074	1·067	1·061	1·054	1·047	1·040	1·033	1·027	1·020	1·013	1·006	·999	·993	·986	·979
83	1·131	1·124	1·117	1·110	1·103	1·097	1·090	1·083	1·076	1·069	1·063	1·056	1·049	1·042	1·035	1·029	1·022	1·015
84	1·168	1·161	1·154	1·147	1·140	1·134	1·127	1·120	1·113	1·106	1·100	1·093	1·086	1·079	1·072	1·065	1·059	1·052
85	1·206	1·199	1·192	1·185	1·179	1·172	1·165	1·158	1·151	1·144	1·138	1·131	1·124	1·117	1·110	1·103	1·097	1·090
86	1·245	1·238	1·231	1·224	1·218	1·211	1·204	1·197	1·190	1·183	1·177	1·170	1·163	1·156	1·149	1·142	1·136	1·129
87	1·285	1·278	1·272	1·265	1·258	1·251	1·244	1·237	1·231	1·224	1·217	1·210	1·203	1·196	1·190	1·183	1·176	1·169
88	1·327	1·320	1·313	1·306	1·299	1·293	1·286	1·279	1·272	1·265	1·258	1·251	1·245	1·238	1·231	1·224	1·217	1·210
89	1·369	1·362	1·355	1·349	1·342	1·335	1·328	1·321	1·314	1·308	1·301	1·294	1·287	1·280	1·273	1·266	1·260	1·253

(26)

TABLE IV,

For finding the Tension of Vapour in the Air, in English inches, from the readings of the dry *t* and wet bulb *t'* thermometers, at the mean barometric pressure of 29·7 inches and in the latitude of 22°—(*continued*).

Wet bulb *t'*.	Values of *t—t'* in degrees, Fahrenheit.																	
	9	9·5	10	10·5	11	11·5	12	12·5	13	13·5	14	14·5	15	15·5	16	16·5	17	17·5
60	·399	·393	·386	·379	·373	·366	·359	·353	·346	·339	·333	·326	·319	·313	·306	·300	·293	·286
61	·418	·411	·405	·398	·391	·385	·378	·371	·365	·358	·351	·345	·338	·331	·325	·318	·311	·305
62	·437	·430	·424	·417	·410	·404	·397	·390	·384	·377	·370	·364	·357	·350	·344	·337	·330	·324
63	·457	·450	·444	·437	·430	·424	·417	·410	·403	·397	·390	·383	·377	·370	·363	·357	·350	·343
64	·477	·471	·464	·457	·451	·444	·437	·430	·424	·417	·410	·404	·397	·390	·384	·377	·370	·364
65	·498	·492	·485	·478	·472	·465	·458	·452	·445	·438	·431	·425	·418	·411	·405	·398	·391	·385
66	·520	·513	·507	·500	·493	·487	·480	·473	·466	·460	·453	·446	·440	·433	·426	·420	·413	·406
67	·542	·536	·529	·522	·516	·509	·502	·496	·489	·482	·475	·469	·462	·455	·449	·442	·435	·428
68	·566	·559	·552	·545	·539	·532	·525	·519	·512	·505	·498	·492	·485	·478	·472	·465	·458	·451
69	·589	·583	·576	·569	·562	·556	·549	·542	·535	·5 29	·522	·515	·509	·502	·495	·488	·482	·475
70	·614	·607	·600	·594	·587	·580	·573	·567	·560	·553	·547	·540	·533	·526	·520	·513	·506	·499
71	·639	·632	·626	·619	·612	·605	·599	·592	·585	·579	·572	·565	·558	·552	·545	·538	·531	·525
72	·665	·658	·652	·645	·638	·631	·625	·618	·611	·604	·598	·591	·584	·577	·571	·564	·557	·551
73	·692	·685	·678	·672	·665	·658	·651	·645	·638	·631	·624	·618	·611	·604	·597	·591	·584	·577
74	·720	·713	·706	·699	·693	·686	·679	·672	·666	·659	·652	·645	·639	·632	·625	·618	·612	·605
75	·748	·741	·735	·728	·721	·714	·707	·701	·694	·687	·680	·674	·667	·660	·653	·647	·640	·633
76	·777	·771	·764	·757	·750	·744	·737	·730	·723	·716	·710	·703	·696	·689	·683	·676	·669	·662
77	·807	·801	·794	·787	·780	·774	·767	·760	·753	·746	·740	·733	·726	·719	·713	·706	·699	·692
78	·838	·832	·825	·818	·811	·805	·798	·791	·784	·778	·771	·764	·757	·750	·744	·737	·730	·723
79	·871	·864	·857	·850	·843	·837	·830	·823	·816	·810	·803	·796	·789	·782	·776	·769	·762	·755
80	·903	·897	·890	·883	·876	·870	·863	·856	·849	·842	·836	·829	·822	·815	·808	·802	·795	·788
81	·937	·931	·924	·917	·910	·903	·897	·890	·883	·876	·869	·863	·856	·849	·842	·835	·829	·822
82	·972	·965	·959	·952	·945	·938	·931	·925	·918	·911	·904	·897	·891	·884	·877	·870	·863	·857
83	1·008	1·001	·994	·988	·981	·974	·967	·960	·954	·947	·940	·933	·926	·920	·913	·906	·899	·892
84	1·045	1·038	1·031	1·025	1·018	1·011	1·004	·997	·991	·984	·977	·970	·963	·956	·950	·943	·936	·929
85	1·083	1·076	1·069	1·063	1·056	1·049	1·042	1·035	1·028	1·022	1·015	1·008	1·001	·994	·988	·981	·974	·967
86	1·122	1·115	1·108	1·102	1·095	1·088	1·081	1·074	1·067	1·061	1·054	1·047	1·040	1·033	1·026	1·020	1·013	1·006
87	1·162	1·155	1·149	1·142	1·135	1·128	1·121	1·114	1·108	1·101	1·094	1·087	1·080	1·073	1·067	1·060	1·053	1·046
88	1·203	1·197	1·190	1·183	1·176	1·169	1·162	1·156	1·149	1·142	1·135	1·128	1·121	1·115	1·108	1·101	1·094	1·087
89	1·246	1·239	1·232	1·225	1·219	1·212	1·205	1·198	1·191	1·184	1·177	1·171	1·164	1·157	1·150	1·143	1·136	1·129

(27)

TABLE IV,

For finding the Tension of Vapour in the Air, in English inches, from the readings of the dry t and wet bulb t' thermometers, at the mean barometric pressure of 29·7 inches and in the latitude of 22°—(*continued*).

Wet bulb t'.	Values of $t-t'$ in degrees, Fahrenheit.																
	18	18·5	19	19·5	20	20·5	21	21·5	22	22·5	23	23·5	24	24·5	25	25·5	26	26·5
60	·280	·273	·266	·260	·253	·246	·240	·233	·226	·220	·213	·206	·200	·193	·186	·180	·173	·166
61	·298	·291	·285	·278	·271	·265	·258	·251	·245	·238	·231	·225	·218	·211	·205	·198	·191	·185
62	·317	·310	·304	·297	·290	·284	·277	·270	·264	·257	·250	·244	·237	·230	·224	·217	·210	·204
63	·337	·330	·323	·317	·310	·303	·297	·290	·283	·277	·270	·263	·256	·250	·243	·236	·230	·223
64	·357	·350	·344	·337	·330	·323	·317	·310	·303	·297	·290	·283	·277	·270	·263	·257	·250	·243
65	·378	·371	·365	·358	·351	·344	·338	·331	·324	·318	·311	·304	·298	·291	·284	·278	·271	·264
66	·399	·393	·386	·379	·373	·366	·359	·353	·346	·339	·332	·326	·319	·312	·306	·299	·292	·286
67	·422	·415	·408	·412	·395	·388	·382	·375	·368	·361	·355	·348	·341	·335	·328	·321	·314	·308
68	·445	·438	·431	·425	·418	·411	·404	·398	·391	·384	·378	·371	·364	·357	·351	·344	·337	·331
69	·468	·462	·455	·448	·441	·435	·428	·421	·415	·408	·401	·394	·388	·381	·374	·368	·361	·354
70	·493	·486	·479	·473	·466	·459	·452	·446	·439	·432	·426	·419	·412	·405	·399	·392	·385	·378
71	·518	·511	·504	·498	·491	·484	·478	·471	·464	·457	·451	·444	·437	·430	·424	·417	·410	·404
72	·544	·537	·530	·524	·517	·510	·503	·497	·490	·483	·476	·470	·463	·456	·449	·443	·436	·427
73	·570	·564	·557	·550	·544	·537	·530	·523	·517	·510	·503	·496	·490	·483	·476	·469	·463	·456
74	·598	·591	·585	·578	·571	·564	·558	·551	·544	·537	·531	·524	·517	·510	·504	·497	·490	·483
75	·626	·620	.613	·606	·599	·593	·586	·579	·572	·566	·559	·552	·545	·539	·532	·525	·518	·512
76	·656	·649	·642	·635	·629	·622	·615	·608	·601	·595	·588	·581	.574	·568	·561	·554	·547	·541
77	·686	·679	·672	·665	·659	·652	·645	·638	·631	·625	·618	·611	·604	·598	·591	·584	·577	·570
78	·717	·710	·703	·696	·689	·683	·676	·669	·662	·656	·649	·642	·635	·628	·622	·615	·608	·601
79	·748	·742	·735	·728	·721	·715	·708	·701	·694	·687	·681	·674	·667	·660	·654	·647	·640	·633
80	·781	·774	·768	·761	·754	·747	·741	·734	·727	·720	·713	·707	·700	.693	·686	·679	·673	·666
81	·815	·808	·801	·795	·788	·781	·774	·767	·761	·754	·747	·740	·733	·727	·720	·713	·706	·700
82	·850	·843	·836	·829	·823	·816	·809	·802	·795	·789	·782	·775	·768	·761	·755	·748	·741	·734
83	·886	·879	·872	·865	·858	·852	·845	·838	·831	·824	·817	·811	·804	·797	·790	·783	·777	·770
84	·922	·916	·909	·902	·895	·888	·881	·875	·868	·861	·854	·847	·841	·834	·827	·820	·813	·807
85	·960	·953	·947	·940	·933	·926	·919	·912	·906	·899	·892	·885	·878	·872	·865	·858	·851	·844
86	·999	·992	·985	·979	·972	·965	·958	·951	·944	·938	·931	·924	·917	·910	·904	·907	·890	·883
87	1·039	1·032	1·026	1·019	1·012	1·005	·998	·991	·985	·978	·971	·964	·957	·950	·944	·937	·930	·923
88	1·090	1·074	1·067	1·060	1·053	1·046	1·039	1·032	1·026	1·019	1·012	1·005	·998	·991	·985	·978	·971	·964
89	1·123	1·116	1·109	1·102	1·095	1·088	1·082	1·075	1·068	1·061	1·054	1·047	1·040	1·034	1·027	1·020	1·013	1·006

(28)

TABLE IV,

For finding the Tension of Vapour in the Air, in English inches, from the readings of the dry t and wet bulb t' thermometers, at the mean barometric pressure of 29·7 inches and in the latitude of 22°—(*continued*).

Wet bulb t'.	Values of $t-t'$ in degrees, Fahrenheit.																	
	27	27·5	28	28·5	29	29·5	30	30·5	31	31·5	32	32·5	33	33·5	34	34·5	35	35·5
55	·076	·069	·063	·056	·050	·043	·036	·030	·023	·016	·010	·003						
56	·092	·085	·078	·072	·065	·059	·052	·045	·039	·032	·025	·019	·012	·005				
57	·108	·101	·095	·088	·081	·075	·068	·061	·055	·048	·041	·035	·028	·022	·015	·008		
58	·125	·118	·111	·105	·098	·091	·065	·078	·071	·065	·058	·051	·045	·038	·032	·025	·018	·012
59	·142	·135	·129	·122	·115	·108	·102	·095	·089	·082	·075	·069	·062	·055	·049	·042	·035	·029
60	·160	·153	·146	·140	·133	·126	·120	·113	·106	·100	·093	·086	·080	·073	·066	·060	·053	·046
61	·178	·171	·165	·158	·151	·145	·138	·131	·125	·118	·111	·105	·098	·091	·085	·078	·071	·065
62	·197	·190	·183	·177	·170	·163	·157	·150	·143	·137	·130	·123	·117	·110	·103	·097	·090	·063
63	·216	·210	·203	·196	·190	·183	·176	·170	·163	·156	·150	·143	·136	·130	·123	·116	·110	·103
64	·237	·230	·223	·217	·210	·203	·196	·190	·183	·176	·170	·163	·156	·150	·143	·136	·130	·123
65	·257	·251	·244	·237	·231	·224	·217	·211	·204	·197	·191	·184	·177	·170	·164	·157	·150	·144
66	·279	·272	·265	·259	·252	·245	·239	·232	·225	·219	·212	·205	·198	·192	·185	·178	·172	·165
67	·301	·294	·288	·281	·274	·268	·261	·254	·247	·241	·234	·227	·221	·214	·207	·200	·194	·187
68	·324	·317	·310	·304	·297	·290	·284	·277	·270	·264	·257	·250	·243	·237	·230	·223	·217	·210
69	·347	·341	·334	·327	·320	·314	·307	·300	·294	·287	·280	·273	·267	·260	·253	·247	·240	·233
70	·372	·365	·358	·352	·345	·338	·331	·325	·318	·311	·304	·298	·291	·284	·278	·271	·264	·257
71	·397	·390	·383	·377	·370	·363	·356	·350	·343	·336	·329	·323	·316	·309	·303	·296	·289	·282
72	·423	·416	·409	·402	·396	·389	·382	·375	·369	·362	·355	·348	·342	·335	·328	·321	·315	·308
73	·449	·442	·436	·429	·422	·415	·409	·402	·395	·388	·382	·375	·368	·361	·355	·348	·341	·334
74	·477	·470	·463	·456	·450	·443	·436	·429	·423	·416	·409	·402	·396	·389	·382	·375	·369	·362
75	·505	·498	·491	·485	·478	·471	·464	·457	·451	·444	·437	·430	·424	·417	·410	·403	·397	·390
76	·534	·527	·520	·514	·507	·500	·493	·487	·480	·473	·466	·459	·453	·446	·439	·432	·426	·419
77	·564	·557	·550	·543	·537	·530	·523	·516	·510	·503	·496	·489	·482	·476	·469	·462	·455	·449
78	·595	·588	·581	·574	·567	·561	·554	·547	·540	·534	·527	·520	·513	·506	·500	·493	·486	·479
79	·626	·620	·613	·606	·599	·593	·586	·579	·572	·565	·559	·552	·545	·538	·531	·525	·518	·511
80	·659	·652	·645	·639	·632	·625	·618	·612	·605	·598	·591	·584	·578	·571	·564	·557	·550	·544
81	·693	·686	·679	·672	·666	·659	·652	·645	·638	·632	·625	·618	·611	·604	·598	·591	·584	·577
82	·727	·721	·714	·707	·700	·693	·687	·680	·673	·666	·659	·653	·646	·639	·632	·625	·619	·612
83	·763	·756	·749	·743	·736	·729	·722	·715	·709	·702	·695	·688	·681	·675	·668	·661	·654	·647
84	·800	·793	·786	·779	·772	·766	·759	·752	·745	·738	·732	·725	·718	·711	·704	·697	·691	·684
85	·837	·831	·824	·817	·810	·803	·797	·790	·783	·776	·769	·762	·756	·749	·742	·735	·728	·721

(29)

TABLE IV,

For finding the Tension of Vapour in the Air, in English inches, from the readings of the dry t and wet bulb t' thermometers, at the mean barometric pressure of 29·7 inches and in the latitude of 22°—(*concluded*).

Wet bulb t'.	Values of $t-t'$ in degrees, Fahrenheit.											
	36	36·5	37	37·5	38	38·5	39	39·5	40	40·5	41	41·5	42	42·5
55														
56														
57														
58	·005													
59	·022	·015	·009	·002										
60	·040	·033	·026	·020	·013	·006								
61	·058	·051	·045	·038	·031	·025	·018	·011	·005					
62	·077	·070	·063	·057	·050	·043	·037	·030	·023	·017	·010	·003		
63	·096	·089	·083	·076	·069	·063	·056	·049	·043	·036	·029	·023	·016	·009
64	·116	·110	·103	·096	·089	·063	·076	·069	·063	·056	·049	·043	0·36	·029
65	·137	·130	·124	·117	·110	·103	·097	·090	·083	·077	·070	·063	·067	·050
66	·158	·152	·145	·138	·132	·125	·118	·111	·105	·098	·091	·085	·078	·071
67	·180	·174	·167	·160	·154	·147	·140	·133	·127	·120	·113	·107	·100	·093
68	·203	·196	·190	·183	·176	·170	·163	·156	·149	·143	·136	·129	·122	·116
69	·226	·220	·213	·206	·200	·193	·186	·179	·173	·166	·159	·153	·146	·139
70	·251	·244	·237	·231	·224	·217	·210	·204	·197	·190	·183	·177	·170	·163
71	·276	·269	·262	·255	·249	·242	·235	·229	·222	·215	·208	·202	·195	·188
72	·301	·295	·288	·281	·274	·268	·261	·254	·247	·241	·234	·227	·220	·214
73	·328	·321	·314	·307	·301	·294	·287	·281	·274	·267	·260	·254	·247	·240
74	·355	·348	·342	·335	·328	·321	·315	·308	·301	·294	·288	·281	·274	·267
75	·383	·376	·370	·363	·356	·349	·343	·336	·329	·322	·316	·309	·302	·295
76	·412	·405	·399	·392	·385	·378	·372	·365	·358	·351	·344	·338	·331	·324
77	·442	·435	·428	·422	·415	·408	·401	·394	·388	·381	·374	·367	·361	·354
78	·473	·466	·459	·452	·445	·439	·432	·425	·418	·412	·405	·398	·391	·384
79	·504	·498	·491	·484	·477	·470	·464	·457	·450	·443	·437	·430	·423	·416
80	·537	·530	·523	·517	·510	·503	·496	·489	·483	·476	·469	·462	·456	·449
81	·570	·564	·557	·550	·543	·536	·530	·523	·516	·509	·502	·496	·489	·482
82	·605	·598	·591	·585	·578	·571	·564	·557	·551	·544	·537	·530	·523	·517
83	·640	·634	·627	·620	·613	·606	·600	·593	·586	·579	·572	·566	·559	·552
84	·677	·670	·663	·657	·650	·643	·636	·629	·623	·616	·609	·602	·595	·588
85	·715	·708	·701	·694	·687	·681	·674	·667	·660	·653	·646	·640	·633	·626

(30)

TABLE V,

For finding the Relative Humidity of the Air, from the readings of the dry t and wet bulb t' thermometers, at the mean barometric pressure of 29·7 inches.

Wet bulb t'	Values of $t-t'$ in degrees, Fahrenheit.												
	0	0·5	1	1·5	2	2·5	3	3·5	4	4·5	5	5·5	6	6·5
0	100	84	70	57	44	31	19	7						
1	100	85	71	58	46	33	22	11						
2	100	86	73	60	48	36	25	14	3					
3	100	87	74	61	50	38	28	17	7					
4	100	87	75	63	52	41	30	20	11	2				
5	100	88	76	64	54	43	33	23	14	5				
6	100	88	76	65	56	45	35	26	17	8				
7	100	88	77	67	57	47	37	28	19	11	4			
8	100	89	78	68	58	49	40	31	22	14	7			
9	100	89	78	69	60	51	42	33	25	17	10	2		
10	100	89	79	70	61	53	44	36	28	20	13	6		
11	100	90	79	71	62	54	46	38	30	23	16	9	3	
12	100	90	80	72	63	55	48	40	33	25	19	12	6	
13	100	90	81	73	65	57	49	41	35	28	21	15	9	3
14	100	91	82	74	66	58	50	43	36	30	23	18	12	6
15	100	91	83	75	67	59	52	45	39	33	26	20	15	9
16	100	91	83	76	68	61	54	47	41	35	29	23	17	12
17	100	92	84	76	69	62	56	49	43	37	31	26	20	15
18	100	92	84	77	70	63	57	51	44	39	33	28	23	18
19	100	92	85	78	71	64	58	52	46	41	35	30	24	20
20	100	93	86	79	72	65	59	53	48	42	37	32	27	22
21	100	93	86	79	72	66	60	55	49	44	39	34	29	25
22	100	93	86	80	73	67	61	56	51	46	41	36	31	27
23	100	93	87	80	74	68	63	57	52	47	42	37	33	29
24	100	93	87	81	75	69	64	59	53	49	44	39	35	31
25	100	93	87	81	75	70	65	60	55	50	45	41	37	33
26	100	94	88	82	76	71	66	61	56	51	47	42	38	35
27	100	94	88	82	77	72	67	62	57	53	48	44	40	36
28	100	94	88	82	77	72	66	63	58	54	50	46	42	38
29	100	94	88	83	78	73	68	64	59	55	51	47	44	40

(31)

TABLE V,

For finding the Relative Humidity of the Air, from the readings of the dry t and wet bulb t' thermometers, at the mean barometric pressure of 29·7 inches—(*continued*).

Wet bulb t'	Values of $t-t'$ in degrees, Fahrenheit.												
	7	7·5	8	8·5	9	9·5	10	10·5	11	11·5	12	12·5	13	13·5
0														
1														
2														
3														
4														
5														
6														
7														
8														
9														
10														
11														
12														
13														
14	1													
15	4													
16	7	2												
17	10	5	1											
18	13	8	4											
19	16	11	7	3										
20	18	13	9	6	2									
21	20	17	12	8	5	1								
22	23	19	14	11	7	4								
23	25	21	17	13	10	7	3							
24	27	23	19	16	13	9	6	3						
25	29	25	21	18	15	12	8	5	2					
26	31	27	23	20	17	14	11	8	5	2				
27	32	29	25	22	19	16	13	10	7	4	2			
28	34	30	27	24	21	18	15	12	9	7	4	1		
29	36	32	29	26	23	20	18	15	12	9	7	4	1	

(32)

TABLE V,

For finding the Relative Humidity of the Air, from the readings of the dry t and wet bulb t' thermometers, at the mean barometric pressure of 29·7 inches — (continued).

Wet bulb t'.	Values of t—t' in degrees, Fahrenheit.																	
	0	0·5	1	1·5	2	2·5	3	3·5	4	4·5	5	5·5	6	6·5	7	7·5	8	8·5
30	100	94	90	85	79	74	69	64	60	56	53	49	45	41	37	34	31	28
31	100	94	90	85	79	74	69	65	62	58	54	50	47	43	39	36	33	30
32	100	94	90	85	79	75	70	65	61	57	53	49	45	41	38	34	31	28
33	100	94	90	85	80	75	70	66	62	58	54	50	46	43	39	36	33	30
34	100	95	90	85	80	76	71	67	63	59	55	51	48	44	41	37	34	31
35	100	95	90	86	81	77	72	68	64	60	56	53	49	46	42	39	36	33
36	100	95	91	86	81	77	73	69	65	61	57	54	50	47	44	40	37	34
37	100	95	91	86	82	78	74	70	66	62	58	55	51	48	45	42	39	36
38	100	95	91	87	82	78	74	70	66	62	59	56	53	49	46	43	40	37
39	100	95	91	87	83	79	75	71	67	63	60	57	53	50	47	44	41	38
40	100	95	92	87	83	79	75	72	68	64	61	57	54	51	48	45	43	40
41	100	95	92	88	83	79	76	72	68	65	62	58	55	52	49	46	44	41
42	100	96	92	88	84	80	76	73	69	66	63	59	56	53	50	47	45	42
43	100	96	92	88	84	80	77	73	70	66	63	60	57	54	51	48	46	43
44	100	96	92	88	84	81	77	74	71	67	64	61	58	55	52	49	47	44
45	100	96	92	89	85	81	78	74	71	68	65	62	59	56	53	50	48	45
46	100	96	93	89	85	82	78	75	72	69	66	63	60	57	54	51	49	46
47	100	96	93	89	85	82	79	75	72	69	66	63	61	58	55	52	50	47
48	100	96	93	89	86	82	79	76	73	70	67	64	61	59	56	53	51	48
49	100	96	93	90	86	83	79	76	73	70	68	65	62	59	57	54	52	49
50	100	96	93	90	86	83	80	77	74	71	68	65	63	60	58	55	53	50
51	100	96	93	90	86	83	80	77	74	71	69	66	63	61	58	56	54	51
52	100	96	93	90	87	84	80	78	75	72	69	67	64	61	59	57	55	52
53	100	96	94	90	87	84	81	78	75	72	70	67	65	62	60	57	55	53
54	100	96	94	91	87	84	81	78	76	73	70	68	65	63	60	58	56	54
55	100	97	94	91	87	84	81	79	76	73	71	68	66	63	61	59	57	55
56	100	97	94	91	88	85	82	79	76	74	71	69	67	64	62	60	58	55
57	100	97	94	91	88	85	82	79	77	74	72	69	67	65	63	60	58	56
58	100	97	94	91	88	85	82	80	77	75	72	70	68	65	63	61	59	57
59	100	97	94	91	88	85	83	80	78	75	73	70	68	66	64	62	60	58

(33)

TABLE V,

For finding the Relative Humidity of the Air from the readings of the dry t and wet bulb t' thermometers, at the mean barometric pressure of 29·7 inches—(continued).

Wet bulb t'.	Values of $t-t'$ in degrees, Fahrenheit.																	
	9	9·5	10	10·5	11	11·5	12	12·5	13	13·5	14	14·5	15	15·5	16	16·5	17	17·5
30	25	22	20	17	15	12	9	7	5	3	1							
31	27	24	22	19	16	14	12	9	7	5	3	1						
32	25	22	19	16	13	11	9	6	4	2								
33	27	24	21	18	15	13	11	8	6	4	2							
34	28	25	23	20	17	15	13	10	8	6	4	2						
35	30	27	25	22	19	17	15	12	10	8	6	4	2	1				
36	31	29	26	24	21	19	16	14	12	10	8	6	5	3	1			
37	33	30	28	25	23	20	18	16	14	12	10	8	6	5	3	1		
38	34	32	29	27	24	22	20	18	16	14	12	10	8	6	5	3	2	1
39	36	33	31	28	26	24	22	20	18	16	14	12	10	9	7	5	4	2
40	37	35	32	30	28	26	24	22	19	18	16	14	12	10	9	7	6	4
41	38	36	34	31	29	27	25	23	21	19	18	16	14	12	10	9	7	6
42	40	37	35	33	31	29	27	25	23	21	19	17	15	14	12	11	9	8
43	41	39	36	34	32	30	28	26	24	22	21	19	17	15	14	12	11	9
44	42	40	38	36	34	32	30	28	26	24	22	20	18	17	15	14	12	11
45	43	41	39	37	35	33	31	29	27	25	23	22	20	18	17	15	14	13
46	44	42	40	38	36	34	32	30	28	26	25	23	21	20	18	17	15	14
47	45	43	41	39	37	35	33	31	29	28	26	24	23	21	20	18	17	15
48	46	44	42	40	38	36	34	32	31	29	27	25	24	22	21	19	18	17
49	47	45	43	41	39	37	35	33	32	30	28	27	25	24	22	20	19	18
50	48	46	44	42	40	38	36	35	33	31	30	28	26	25	23	22	21	19
51	49	47	45	43	41	39	38	36	34	32	31	29	28	26	24	23	22	21
52	50	48	46	44	42	40	39	37	35	33	32	30	29	27	26	24	23	22
53	51	49	47	45	43	41	40	38	36	34	33	31	30	28	27	26	24	23
54	52	50	48	46	44	42	40	39	37	35	34	32	31	29	28	27	26	24
55	53	51	49	47	45	43	41	40	38	37	35	34	32	31	29	28	27	25
56	53	52	49	48	46	44	42	41	39	38	36	35	33	32	30	29	28	26
57	54	52	50	48	47	45	43	42	40	39	37	36	34	33	31	30	29	27
58	55	53	51	49	47	46	44	43	42	40	38	37	35	34	32	31	30	28
59	56	54	52	49	48	46	45	43	42	41	39	38	36	35	33	32	31	29

E

(34)

TABLE V,

For finding the Relative Humidity of the Air from the readings of the dry t and wet bulb t' thermometers at the mean barometric pressure of 29·7 inches – *(continued)*.

Wet bulb t'.	Values of $t-t'$ in degrees, Fahrenheit.																	
	18	18·5	19	19·5	20	20·5	21	21·5	22	22·5	23	23·5	24	24·5	25	25·5	26	26·5
30																		
31																		
32																		
33																		
34																		
35																		
36																		
37																		
38																		
39	1																	
40	3	1																
41	4	3	2	1														
42	6	5	4	2	1													
43	8	7	5	4	3	1	1											
44	10	8	7	6	5	3	2	1										
45	11	10	9	7	6	5	4	3	2	1								
46	13	11	10	9	8	7	5	4	3	1	1							
47	14	13	12	10	9	8	7	6	5	4	3	2	1					
48	15	14	13	12	10	9	8	7	6	5	4	4	3	2	1			
49	17	15	14	13	12	11	10	9	8	7	6	5	4	3	2	1	1	
50	18	17	15	14	13	12	11	10	9	8	7	6	5	5	4	3	2	1
51	19	18	17	16	15	13	12	11	10	10	9	8	7	6	5	4	3	3
52	21	19	18	17	16	15	14	13	12	11	10	9	8	7	6	6	5	4
53	22	20	19	18	17	16	15	14	13	12	11	10	9	9	8	7	6	5
54	23	22	20	19	18	17	16	15	14	13	12	11	11	10	9	8	7	6
55	24	23	22	20	19	18	17	16	15	14	13	13	12	11	10	9	8	8
56	25	24	23	22	21	20	19	18	17	16	15	14	13	12	11	10	10	9
57	26	25	24	23	22	21	20	19	18	17	16	15	14	13	12	11	11	10
58	27	26	25	24	23	22	21	20	19	18	17	16	15	14	13	12	12	11
59	28	27	26	25	24	23	22	21	20	19	18	17	16	15	14	·13	13	12

(35)

TABLE V,

For finding the Relative Humidity of the Air from the readings of the dry *t* and wet bulb *t'* thermometers, at the mean barometric pressure of 29·7 inches—(*continued*).

Wet bulb *t'*.	Values of *t—t'* in degrees, Fahrenheit.																	
	0	0·5	1	1·5	2	2·5	3	3·5	4	4·5	5	5·5	6	6·5	7	7·5	8	8·5
60	100	97	94	91	89	86	83	80	78	76	73	71	68	66	64	62	60	58
61	100	97	94	92	89	86	84	81	78	76	73	71	69	67	65	63	61	59
62	100	97	94	92	89	86	84	81	79	76	74	72	70	67	65	63	61	59
63	100	97	95	92	89	87	84	81	79	77	74	72	70	68	66	64	62	60
64	100	97	95	92	89	87	84	82	79	77	75	73	70	68	66	64	62	60
65	100	97	95	92	89	87	85	82	80	77	75	73	71	69	67	65	63	61
66	100	97	95	92	90	87	85	82	80	78	76	73	71	69	67	65	63	61
67	100	97	95	92	90	87	85	83	80	78	76	74	72	70	68	66	64	62
68	100	97	95	92	90	88	85	83	81	78	76	74	72	70	68	66	64	62
69	100	97	95	92	90	88	85	83	81	79	76	74	72	71	69	67	65	63
70	100	97	95	93	90	88	86	83	81	79	77	75	73	71	69	67	65	63
71	100	98	95	93	90	88	86	84	81	79	77	75	73	71	70	68	66	64
72	100	98	95	93	90	88	86	84	82	79	77	75	74	72	70	68	66	64
73	100	98	95	93	90	88	86	84	82	80	78	76	74	72	70	68	67	65
74	100	98	95	93	91	88	86	84	82	80	78	76	74	72	71	69	67	65
75	100	98	95	93	91	89	86	84	82	80	78	76	74	73	71	69	67	65
76	100	98	95	93	91	89	87	85	82	80	78	77	75	73	71	69	68	66
77	100	98	95	93	91	89	87	85	83	81	79	77	75	73	72	70	68	66
78	100	98	95	93	91	89	87	85	83	81	79	77	75	74	72	70	68	67
79	100	98	96	93	91	89	87	85	83	81	79	77	76	74	72	70	69	67
80	100	98	96	93	91	89	87	85	83	81	79	78	76	74	72	71	69	68
81	100	98	96	93	91	89	87	85	83	81	80	78	76	74	73	71	69	68
82	100	98	96	94	91	89	87	85	84	82	80	78	76	75	73	71	70	68
83	100	98	96	94	91	89	88	86	84	82	80	78	77	75	73	72	70	69
84	100	98	96	94	92	90	88	86	84	82	80	79	77	75	74	72	70	69
85	100	98	96	94	92	90	88	86	84	82	81	79	77	76	74	72	71	69
86	100	98	96	94	92	90	88	86	84	82	81	79	77	76	74	73	71	70
87	100	98	96	94	92	90	88	86	84	83	81	79	78	76	74	73	71	70
88	100	98	96	94	92	90	88	86	85	83	81	79	78	76	75	73	72	70
89	100	98	96	94	92	90	88	86	85	83	81	80	78	77	75	73	72	71

(36)

TABLE V,

For finding the Relative Humidity of the Air from the readings of the dry t and wet bulb t' thermometers, at the mean barometric pressure of 29·7 inches—*(continued)*.

Wet bulb t'.	Values of $t-t'$ in degrees, Fahrenheit.																	
	9	9·5	10	10·5	11	11·5	12	12·5	13	13·5	14	14·5	15	15·5	16	16·5	17	17·5
60	56	54	53	51	49	47	46	44	43	41	40	38	37	35	34	33	31	·30
61	57	55	53	52	50	48	46	45	43	42	40	39	38	36	35	34	32	31
62	57	56	54	52	51	49	47	45	44	43	41	40	38	37	36	34	33	32
63	58	56	55	53	51	50	48	46	45	44	42	41	39	38	37	35	34	33
64	58	57	55	54	52	50	49	47	46	44	43	41	40	38	37	36	35	34
65	59	57	56	54	53	51	49	48	46	45	43	42	41	40	38	37	36	35
66	60	58	56	55	53	52	50	48	47	46	44	43	42	40	39	38	36	35
67	60	59	57	55	54	52	51	49	48	46	45	44	42	41	40	39	37	36
68	61	59	58	56	54	53	51	50	48	47	45	44	43	41	40	39	38	37
69	61	60	58	57	55	53	52	50	49	47	46	45	44	42	41	40	39	38
70	61	60	58	57	56	54	52	51	49	48	47	45	44	43	42	40	39	39
71	62	60	59	58	56	55	53	52	50	49	47	46	45	44	42	41	40	39
72	62	61	60	58	57	55	54	52	51	49	48	47	45	44	43	42	41	39
73	63	61	60	59	57	56	54	53	51	50	49	47	46	45	44	43	41	40
74	63	62	60	59	58	56	55	53	52	50	49	48	47	45	44	43	42	41
75	64	62	61	59	58	57	55	54	52	51	50	48	47	46	45	44	43	42
76	64	63	61	60	58	57	56	54	53	51	50	49	48	46	45	44	43	42
77	65	63	62	60	59	57	56	55	53	52	51	49	48	47	46	45	44	43
78	65	64	62	61	59	58	56	55	54	52	51	50	49	48	47	45	44	43
79	66	64	63	61	60	58	57	56	54	53	52	50	49	48	47	46	45	44
80	66	65	63	62	60	59	57	56	55	53	52	51	50	49	47	46	45	44
81	66	65	63	62	61	59	58	57	55	54	53	51	50	49	48	47	46	45
82	67	65	64	62	61	60	58	57	56	54	53	52	51	50	48	47	46	45
83	67	66	64	63	61	60	59	57	56	55	54	52	51	50	49	48	47	46
84	67	66	64	63	62	60	59	58	56	55	54	53	52	51	49	48	47	46
85	68	66	65	63	62	61	59	58	57	55	54	53	52	51	50	49	48	47
86	68	67	65	64	63	61	60	59	57	56	55	54	52	51	50	49	48	47
87	68	67	65	64	63	61	60	59	58	56	55	54	53	52	51	50	49	48
88	69	67	66	64	63	62	60	59	58	57	56	54	53	52	51	50	49	48
89	69	68	66	65	63	62	61	60	58	57	56	55	54	53	52	50	49	48

(37)

TABLE V,

For finding the Relative Humidity of the Air from the readings of the dry and wet bulb t' thermometers, at the mean barometric pressure of 29·7 inches—*(continued)*.

Wet bulb t'.	Values of $t-t'$ in degrees, Fahrenheit.																	
	18	18·5	19	19·5	20	20·5	21	21·5	22	22·5	23	23·5	24	24·5	25	25·5	26	26·5
60	29	28	27	26	25	24	23	22	21	20	19	18	17	16	15	15	14	13
61	30	29	28	27	26	25	24	23	22	21	20	19	18	17	16	16	15	14
62	31	30	29	28	26	26	25	24	23	22	21	20	19	18	17	17	16	15
63	32	31	30	28	27	26	26	25	23	23	22	21	20	19	18	18	17	16
64	33	32	30	29	28	27	26	25	24	23	23	22	21	20	19	18	18	17
65	33	32	31	30	29	28	27	26	25	24	23	23	22	21	20	19	19	18
66	34	33	32	31	30	29	28	27	26	25	24	23	23	22	21	20	19	19
67	35	34	33	32	31	30	29	28	27	26	25	24	23	23	22	21	20	20
68	36	35	34	33	32	31	30	29	28	27	26	25	24	23	23	22	21	20
69	36	35	34	33	32	31	30	29	28	27	27	26	25	24	23	23	22	21
70	37	36	35	34	33	32	31	30	29	28	27	26	26	25	24	23	23	22
71	38	37	36	35	34	33	32	31	30	29	28	27	26	26	25	24	23	22
72	38	37	36	35	34	33	32	32	31	30	29	28	27	26	26	25	24	23
73	39	38	37	36	35	34	33	32	31	30	29	29	28	27	26	25	25	24
74	40	39	38	37	36	35	34	33	32	31	30	29	29	28	27	26	25	24
75	40	39	38	37	36	35	34	33	33	32	31	30	29	28	28	27	26	25
76	41	40	39	38	37	36	35	34	33	32	31	31	30	29	28	27	27	26
77	42	41	40	39	38	37	36	35	34	33	32	31	30	30	29	28	27	26
78	42	41	40	39	38	37	36	35	34	34	33	32	31	30	30	29	28	27
79	43	42	41	40	39	38	37	36	35	34	33	32	32	31	30	29	29	28
80	43	42	41	40	39	38	38	37·	36	35	34	33	32	32	31	30	29	28
81	44	43	42	41	40	39	38	37	36	35	34	34	33	32	31	30	30	29
82	44	43	42	41	40	39	39	38	37	36	35	34	33	33	32	31	30	29
83	45	44	43	42	41	40	39	38	37	37	36	35	34	33	32	31	31	30
84	45	44	43	42	41	40	40	39	38	37	36	35	35	34	33	32	31	31
85	46	45	44	43	42	41	40	39	38	38	37	36	35	34	33	33	32	31
86	46	45	44	43	42	41	41	40	39	38	37	36	36	35	34	33	33	32
87	47	46	45	44	43	42	41	40	39	39	38	37	36	35	34	34	33	32
88	47	46	45	44	43	42	42	41	40	39	38	37	36	36	35	34	34	33
89	47	46	46	45	44	43	42	41	40	40	39	38	37	36	35	35	34	33

(38)

TABLE V,

For finding the Relative Humidity of the Air from the readings of the dry t and wet bulb t' thermometers, at the mean barometric pressure of 29·7 inches—*(continued)*.

Wet bulb t'.	Values of $t-t'$ in degrees, Fahrenheit.																	
	27	27·5	28	28·5	29	29·5	30	30·5	31	31·5	32	32·5	33	33·5	34	34·5	35	35·5
55	7	6	6	5	5	4	3	3	2	2	1	1						
56	8	7	7	6	6	5	4	4	3	3	2	2	1	1				
57	9	8	8	7	7	6	5	5	4	4	3	3	2	2	1	1		
58	10	9	9	8	8	7	6	6	5	5	4	4	3	3	2	2	1	1
59	11	10	10	9	9	8	7	7	6	6	5	5	4	4	3	3	2	2
60	12	11	11	10	9	9	8	8	7	7	6	6	5	5	4	4	3	3
61	13	12	12	11	10	10	9	9	8	8	7	7	6	6	5	5	4	4
62	14	13	13	12	11	11	10	10	9	9	8	8	7	7	6	6	5	5
63	15	14	14	13	12	12	11	10	10	9	9	8	8	8	7	7	6	6
64	16	15	15	14	13	13	12	11	11	10	10	9	9	8	8	7	7	6
65	17	16	16	15	14	14	13	12	12	11	11	10	10	9	9	8	8	7
66	18	17	17	16	15	15	14	13	13	12	12	11	11	10	10	9	9	8
67	19	18	17	17	16	15	15	14	14	13	13	12	11	11	10	10	10	9
68	20	19	18	18	17	16	16	15	15	14	13	13	12	12	11	11	10	10
69	21	20	19	18	18	17	16	16	15	15	14	14	13	13	12	12	11	11
70	21	21	20	19	19	18	17	17	16	16	15	15	14	14	13	13	12	12
71	22	21	21	20	19	19	18	17	17	16	16	15	15	14	14	13	13	12
72	23	22	21	21	20	19	19	18	17	17	16	16	15	15	14	14	13	13
73	23	23	22	21	21	20	19	19	18	18	17	17	16	16	15	15	14	14
74	24	23	23	22	21	21	20	19	19	18	18	17	17	16	16	15	15	14
75	24	24	23	23	22	21	21	20	19	19	18	18	17	17	16	16	15	15
76	25	24	24	23	23	22	21	21	20	20	19	19	18	18	17	17	16	16
77	26	25	25	24	23	23	22	21	21	20	20	19	19	18	18	17	17	16
78	26	26	25	25	24	23	23	22	21	21	20	20	19	19	18	18	17	17
79	27	26	26	25	25	24	23	23	22	22	21	21	20	20	19	19	18	18
80	28	27	26	26	25	25	24	23	23	22	22	21	21	20	20	19	19	18
81	28	28	27	26	26	25	25	24	23	23	22	22	21	21	20	20	19	19
82	29	28	28	27	26	26	25	25	24	23	23	22	22	21	21	20	20	19
83	29	29	28	27	27	26	26	25	24	24	23	23	22	22	21	21	20	20
84	30	29	29	28	27	27	26	26	25	24	24	23	23	22	22	21	21	20
85	30	30	29	28	28	27	27	26	25	25	24	24	23	23	22	22	21	21

(39)

TABLE V,

For finding the Relative Humidity of the Air from the readings of the dry t and wet bulb t' thermometers, at the mean barometric pressure of 29.7 inches—*(concluded).*

Wet bulb t'.	Values of $t-t'$ in degrees, Fahrenheit.											
	36	36·5	37	37·5	38	38·5	39	39·5	40	40·5	41	41·5	42	42·5
55														
56														
57														
58														
59	1	1												
60	2	2	1	1	1									
61	3	3	2	2	2	1	1							
62	4	4	3	3	3	2	2	1	1	1				
63	5	5	4	4	3	3	3	2	2	2	1	1	1	
64	6	5	5	5	4	4	4	3	3	3	2	2	2	1
65	7	6	6	6	5	5	5	4	4	3	3	3	2	2
66	8	7	7	6	6	6	5	5	5	4	4	4	3	3
67	9	8	8	7	7	7	6	6	5	5	5	4	4	4
68	9	9	9	8	8	7	7	6	6	6	5	5	5	4
69	10	10	9	9	8	8	8	7	7	6	6	6	5	5
70	11	11	10	10	9	9	8	8	8	7	7	6	6	6
71	12	11	11	10	10	10	9	9	8	8	7	7	7	6
72	12	12	11	11	11	10	10	9	9	9	8	8	8	7
73	13	13	12	12	11	11	10	10	10	9	9	8	8	8
74	14	13	13	12	12	12	11	11	10	10	9	9	9	8
75	14	14	13	13	13	12	12	11	11	11	10	10	10	9
76	15	15	14	14	13	13	12	12	12	11	11	10	10	10
77	16	15	15	14	14	13	13	13	12	12	11	11	11	10
78	16	16	15	15	15	14	14	13	13	12	12	12	11	11
79	17	17	16	16	15	15	14	14	13	13	13	12	12	12
80	18	17	17	16	16	15	15	14	14	14	13	13	13	12
81	18	18	17	17	16	16	15	15	15	14	14	13	13	13
82	19	18	18	17	17	16	16	16	15	15	14	14	14	13
83	19	19	18	18	17	17	17	16	16	15	15	14	14	14
84	20	19	19	18	18	17	17	17	16	16	15	15	15	14
85	20	20	19	19	18	18	18	17	17	16	16	15	15	15

(40)

TABLE VI,

For finding the Tension of Vapour in the Air, in English inches, from the readings of the dry t and wet bulb t' thermometers, at the mean barometric pressure of 27·7 inches and in the latitude of 22°.

Wet bulb t'.	Values of $t-t'$ in degrees, Fahrenheit.														
	0	0·5	1	1·5	2	2·5	3	3·5	4	4·5	5	5·5	6	6·5	7
23	·123	·117	·112	·106	·101	·095	·090	·084	·079	·073	·068	·062	·057	·051	·046
24	·128	·123	·117	·112	·106	·101	·095	·090	·084	·079	·073	·068	·062	·057	·051
25	·134	·128	·123	·117	·112	·106	·101	·095	·090	·085	·079	·074	·068	·063	·057
26	·140	·134	·129	·123	·118	·112	·107	·101	·096	·090	·085	·080	·074	·069	·063
27	·146	·141	·135	·130	·124	·119	·113	·108	·102	·097	·091	·086	·080	·075	·069
28	·153	·147	·142	·136	·131	·125	·120	·114	·109	·103	·098	·092	·087	·081	·076
29	·159	·154	·148	·143	·137	·132	·126	·121	·115	·110	·104	·099	·093	·088	·082
30	·167	·161	·155	·150	·144	·139	·133	·128	·122	·117	·111	·106	·100	·095	·089
31	·174	·168	·163	·157	·152	·146	·141	·135	·130	·124	·119	·113	·108	·102	·097
32	·182	·175	·169	·163	·157	·151	·145	·139	·133	·127	·121	·115	·109	·103	·097
33	·189	·183	·177	·171	·165	·159	·152	·146	·140	·134	·128	·122	·116	·110	·104
34	·196	·190	·184	·178	·172	·166	·160	·154	·148	·142	·135	·129	·123	·117	·111
35	·204	·198	·192	·186	·180	·174	·168	·162	·155	·149	·143	·137	·131	·125	·119
36	·213	·206	·200	·194	·188	·182	·176	·170	·164	·157	·151	·145	·139	·133	·127
37	·221	·215	·209	·203	·197	·190	·184	·178	·172	·166	·160	·154	·148	·141	·135
38	·230	·224	·218	·211	·205	·199	·193	·187	·181	·175	·168	·162	·156	·150	·144
39	·239	·233	·227	·220	·214	·208	·202	·196	·190	·184	·177	·171	·165	·159	·153
40	·248	·242	·236	·230	·224	·218	·211	·205	·199	·193	·187	·181	·175	·169	·162
41	·258	·252	·246	·239	·233	·227	·221	·215	·209	·203	·196	·190	·184	·178	·172
42	·268	·262	·256	·250	·243	·237	·231	·225	·219	·213	·206	·200	·194	·188	·182
43	·278	·272	·266	·260	·254	·248	·241	·235	·229	·223	·217	·211	·204	·198	·192
44	·289	·283	·277	·270	·264	·258	·252	·246	·240	·234	·227	·221	·215	·209	·203
45	·300	·294	·288	·282	·276	·270	·263	·257	·251	·245	·239	·233	·226	·220	·214
46	·312	·306	·299	·293	·287	·281	·275	·268	·262	·256	·250	·244	·238	·231	·225
47	·324	·317	·311	·305	·299	·293	·286	·280	·274	·268	·262	·256	·249	·243	·237
48	·336	·330	·323	·317	·311	·305	·299	·293	·286	·280	·274	·268	·262	·255	·249
49	·349	·342	·336	·330	·324	·318	·311	·305	·299	·293	·287	·280	·274	·268	·262
50	·362	·356	·349	·343	·337	·331	·325	·319	·312	·306	·300	·294	·288	·282	·276
51	·375	·369	·363	·357	·351	·344	·338	·332	·326	·320	·314	·307	·301	·295	·289
52	·389	·383	·377	·371	·365	·358	·352	·346	·340	·334	·328	·321	·315	·309	·303

(41)

TABLE VI,

For finding the Tension of Vapour in the Air, in English inches, from the readings of the dry t and wet bulb t' thermometers, at the mean barometric pressure of 27·7 inches and in the latitude of 22°—(*continued*).

Wet bulb t'.	VALUES OF $t-t'$ IN DEGREES, FAHRENHEIT.																	
	7·5	8	8·5	9	9·5	10	10·5	11	11·5	12	12·5	13	13·5	14	14·5	15	15·5	16
23	·040	·035	·030	·024	·019	·013	·008	·002										
24	·046	·040	·035	·029	·024	·018	·013	·008	·002									
25	·052	·046	·041	·035	·030	·024	·019	·013	·008	·002								
26	·058	·052	·047	·041	·036	·030	·025	·019	·014	·008	·003							
27	·064	·058	·053	·047	·042	·036	·031	·025	·020	·014	·009	·003						
28	·070	·065	·059	·054	·048	·043	·037	·032	·026	·021	·015	·010	·004					
29	·077	·071	·066	·060	·055	·049	·044	·038	·033	·027	·022	·016	·011	·005				
30	·084	·078	·073	·067	·062	·056	·051	·045	·040	·034	·029	·023	·018	·012	·007			
31	·091	·086	·080	·075	·009	·064	·058	·053	·047	·042	·036	·031	·025	·020	·014	·009	·003	
32	·091	·085	·079	·073	·066	·060	·054	·049	·042	·036	·030	·024	·018	·012	·006			
33	·098	·092	·086	·080	·074	·068	·062	·056	·049	·043	·037	·031	·025	·019	·013	·007		
34	·105	·099	·093	·087	·080	·074	·068	·062	·056	·050	·044	·038	·032	·026	·019	·015	·007	
35	·113	·107	·100	·094	·088	·082	·076	·074	·064	·058	·052	·046	·039	·033	·027	·021	·015	·009
36	·121	·115	·109	·102	·096	·090	·084	·078	·072	·066	·060	·053	·047	·041	·035	·029	·023	·017
37	·129	·123	·117	·111	·105	·099	·092	·086	·080	·074	·068	·062	·056	·050	·043	·037	·031	·025
38	·138	·132	·126	·110	·113	·107	·101	·095	·089	·083	·077	·070	·064	·058	·052	·046	·040	·034
39	·147	·141	·135	·128	·122	·116	·110	·104	·098	·092	·085	·079	·073	·067	·061	·055	·049	·043
40	·156	·150	·144	·138	·132	·125	·119	·113	·107	·101	·095	·089	·082	·076	·070	·064	·058	·052
41	·166	·160	·153	·147	·141	·135	·129	·123	·117	·110	·104	·098	·092	·086	·080	·074	·067	·061
42	·176	·170	·163	·157	·151	·145	·139	·133	·127	·120	·114	·108	·102	·096	·090	·083	·077	·071
43	·186	·180	·174	·167	·161	·155	·149	·143	·137	·131	·124	·118	·112	·106	·100	·094	·087	·081
44	·196	·190	·184	·178	·172	·166	·160	·153	·147	·141	·135	·129	·123	·117	·110	·104	·098	·092
45	·208	·202	·196	·189	·183	·177	·171	·165	·159	·152	·146	·140	·134	·128	·122	·115	·109	·103
46	·219	·213	·207	·201	·194	·188	·182	·176	·170	·164	·157	·151	·145	·139	·133	·127	·120	·114
47	·231	·225	·218	·212	·206	·200	·194	·188	·181	·175	·169	·163	·157	·151	·144	·138	·132	·126
48	·243	·237	·231	·225	·218	·212	·206	·200	·194	·187	·181	·175	·169	·163	·157	·150	·144	·138
49	·256	·250	·243	·237	·231	·225	·219	·212	·206	·200	·194	·188	·181	·175	·169	·163	·157	·151
50	·269	·263	·257	·251	·245	·239	·232	·226	·220	·214	·208	·202	·196	·189	·183	·177	·171	·165
51	·283	·277	·271	·264	·258	·252	·246	·240	·234	·227	·221	·215	·209	·203	·197	·190	·184	·178
52	·297	·291	·284	·278	·272	·266	·260	·254	·247	·241	·235	·229	·223	·217	·210	·204	·198	·192

F

(42)

TABLE VI,

For finding the Tension of Vapour in the Air, in English inches, from the readings of the dry t and wet bulb t' thermometers, at the mean barometric pressure of 277. inches and in the latitude of 22°—(*continued*).

Wet bulb t'	Values of $t-t'$ in degrees, Fahrenheit.																
	16·5	17	17·5	18	18·5	19	19·5	20	20·5	21	21·5	22	22·5	23	23·5	24	24·5	25
23																		
24																		
25																		
26																		
27																		
28																		
29																		
30																		
31																		
32																		
33																		
34																		
35	·003																	
36	·011	·005																
37	·019	·013	·007															
38	·028	·021	·015	·009	·003													
39	·036	·030	·024	·018	·012	·006												
40	·046	·039	·033	·027	·021	·015	·009	·003										
41	·055	·049	·043	·037	·030	·024	·018	·012	·006									
42	·065	·059	·053	·047	·040	·034	·028	·022	·016	·010	·004							
43	·075	·069	·063	·057	·051	·044	·038	·032	·026	·020	·014	·007	·001					
44	·086	·080	·073	·067	·061	·055	·049	·043	·036	·030	·024	·018	·012	·006				
45	·097	·091	·085	·078	·072	·066	·060	·054	·048	·041	·035	·029	·023	·017	·011	·004		
46	·108	·102	·096	·089	·083	·077	·071	·065	·059	·052	·046	·040	·034	·028	·022	·015	·009	·003
47	·120	·113	·107	·101	·095	·089	·083	·076	·070	·064	·058	·052	·045	·039	·033	·027	·021	·015
48	·132	·126	·119	·113	·107	·101	·095	·088	·082	·076	·070	·064	·058	·051	·045	·039	·032	·027
49	·144	·138	·132	·126	·120	·113	·107	·101	·095	·089	·082	·076	·070	·064	·058	·051	·045	·039
50	·159	·152	·146	·140	·134	·128	·122	·116	·109	·103	·097	·091	·085	·079	·072	·066	·060	·054
51	·172	·166	·160	·153	·147	·141	·135	·129	·123	·116	·110	·104	·098	·092	·086	·079	·073	·067
52	·186	·180	·173	·167	·161	·155	·149	·143	·136	·130	·124	·118	·112	·106	·099	·093	·087	·081

(43)

TABLE VI,

For finding the Tension of Vapour in the Air, in English inches, from the readings of the dry *t* and wet bulb *t'* thermometers, at the mean barometric pressure of 27·7 inches and in the latitude of 22°—(*continued*).

Wet bulb *t'*.	VALUES OF *t—t'* IN DEGREES, FAHRENHEIT.														
	0	0·5	1	1·5	2	2·5	3	3·5	4	4·5	5	5·5	6	6·5	7
53	·404	·396	·391	·385	·379	·373	·367	·361	·354	·348	·342	·336	·330	·323	·317
54	·419	·413	·406	·400	·394	·388	·382	·375	·369	·363	·357	·351	·344	·338	·332
55	·434	·428	·422	·416	·409	·403	·397	·391	·385	·378	·372	·366	·360	·354	·348
56	·450	·444	·438	·432	·425	·419	·413	·407	·401	·394	·388	·382	·376	·370	·363
57	·467	·460	·454	·448	·442	·436	·429	·423	·417	·411	·405	·398	·392	·386	·380
58	·484	·477	·471	·465	·459	·453	·446	·440	·434	·428	·422	·415	·409	·403	·397
59	·501	·495	·489	·483	·476	·470	·464	·458	·451	·445	·439	·433	·427	·420	·414
60	·519	·513	·507	·501	·494	·488	·482	·476	·470	·463	·457	·451	·445	·439	·432
61	·538	·532	·525	·519	·513	·507	·501	·494	·488	·482	·476	·470	·463	·457	·451
62	·557	·551	·545	·538	·532	·526	·520	·513	·507	·501	·495	·488	·482	·476	·470
63	·577	·571	·565	·558	·552	·546	·540	·533	·527	·521	·515	·509	·502	·496	·490
64	·598	·591	·585	·579	·573	·566	·560	·554	·548	·541	·535	·529	·523	·517	·510
65	·619	·613	·606	·600	·594	·588	·581	·575	·569	·563	·556	·550	·544	·538	·531
66	·641	·634	·628	·622	·616	·609	·603	·597	·591	·584	·578	·572	·566	·559	·553
67	·663	·657	·651	·644	·638	·632	·626	·619	·613	·607	·601	·594	·588	·582	·576
68	·686	·680	·674	·667	·661	·655	·649	·642	·636	·630	·624	·617	·611	·605	·599
69	·710	·704	·698	·691	·685	·679	·673	·666	·660	·654	·647	·641	·635	·629	·622
70	·735	·729	·722	·716	·710	·703	·697	·691	·685	·678	·672	·666	·660	·653	·647
71	·760	·754	·748	·741	·735	·729	·723	·716	·710	·704	·697	·691	·685	·679	·672
72	·786	·780	·774	·767	·761	·755	·749	·742	·736	·730	·724	·717	·711	·705	·698
73	·813	·807	·801	·794	·788	·782	·775	·769	·763	·757	·750	·744	·738	·731	·725
74	·841	·835	·828	·822	·816	·810	·803	·797	·791	·784	·778	·772	·765	·759	·753
75	·870	·863	·857	·851	·844	·838	·832	·825	·819	·813	·807	·800	·794	·788	·781
76	·899	·893	·886	·880	·874	·867	·861	·855	·849	·842	·836	·830	·823	·817	·811
77	·929	·923	·917	·910	·904	·898	·891	·885	·879	·872	·866	·860	·853	·847	·841
78	·960	·954	·948	·941	·935	·929	·923	·916	·910	·904	·897	·891	·885	·878	·872
79	·993	·986	·980	·974	·967	·961	·955	·948	·942	·936	·929	·923	·917	·910	·904
80	1·026	1·019	1·013	1·007	1·000	·994	·988	·981	·975	·969	·962	·956	·950	·943	·937
81	1·060	1·053	1·047	1·041	1·034	1·028	1·022	1·015	1·009	1·003	·996	·990	·984	·977	·971
82	1·095	1·088	1·082	1·076	1·069	1·063	1·057	1·050	1·044	1·038	1·031	1·025	1·018	1·012	1·006

(44)

TABLE VI,

For finding the Tension of Vapour in the Air, in English inches, from the readings of the dry t and wet bulb t' thermometers, at the mean barometric pressure of 27·7 inches and in the latitude of 22°—(*continued*).

Wet bulb t'.	VALUES OF $t-t'$ IN DEGREES, FAHRENHEIT.																	
	7·5	8	8·5	9	9·5	10	10·5	11	11·6	12	12·5	13	13·5	14	14·5	15	15·5	16
53	·311	·305	·299	·293	·286	·280	·274	·268	·262	·256	·249	·243	·237	·231	·225	·219	·212	·206
54	·326	·320	·314	·307	·301	·295	·289	·283	·277	·270	·264	·258	·252	·246	·240	·233	·227	·221
55	·341	·335	·329	·323	·317	·310	·304	·298	·292	·286	·280	·273	·267	·261	·255	·249	·242	·236
56	·357	·351	·345	·339	·332	·326	·320	·314	·308	·302	·295	·289	·283	·277	·271	·264	·258	·252
57	·374	·368	·361	·355	·349	·343	·337	·330	·324	·318	·312	·306	·299	·293	·287	·281	·275	·268
58	·391	·384	·378	·372	·366	·360	·353	·347	·341	·335	·329	·322	·316	·310	·304	·298	·291	·285
59	·409	·402	·396	·389	·383	·377	·371	·365	·358	·352	·346	·340	·334	·327	·321	·315	·309	·302
60	·426	·420	·414	·407	·401	·395	·389	·383	·376	·370	·364	·358	·352	·345	·339	·333	·327	·320
61	·445	·438	·432	·426	·420	·414	·407	·401	·395	·389	·382	·376	·370	·364	·358	·351	·345	·339
62	·463	·457	·451	·445	·438	·432	·426	·420	·414	·407	·401	·395	·389	·382	·376	·370	·364	·357
63	·483	·477	·471	·465	·458	·452	·446	·440	·433	·427	·421	·415	·408	·402	·396	·390	·383	·377
64	·504	·498	·492	·485	·479	·473	·467	·460	·454	·448	·442	·435	·429	·423	·417	·411	·404	·398
65	·525	·519	·513	·506	·500	·494	·488	·481	·475	·469	·463	·456	·450	·444	·438	·431	·425	·419
66	·547	·541	·534	·528	·522	·516	·509	·503	·497	·491	·484	·478	·472	·466	·459	·453	·447	·441
67	·569	·563	·557	·551	·544	·538	·532	·526	·519	·513	·507	·500	·494	·488	·482	·475	·469	·463
68	·592	·586	·580	·574	·567	·561	·555	·549	·542	·536	·530	·524	·517	·511	·505	·498	·492	·486
69	·616	·610	·604	·597	·591	·585	·579	·572	·566	·560	·553	·547	·541	·535	·528	·522	·516	·510
70	·641	·634	·628	·622	·616	·609	·603	·597	·591	·584	·578	·572	·565	·559	·553	·547	·540	·534
71	·666	·660	·653	·647	·641	·635	·628	·622	·616	·610	·603	·597	·591	·584	·578	·572	·566	·559
72	·692	·686	·680	·673	·667	·661	·654	·648	·642	·636	·629	·623	·617	·610	·604	·598	·592	·585
73	·719	·713	·706	·700	·694	·687	·681	·675	·669	·662	·656	·650	·643	·637	·631	·625	·618	·612
74	·747	·740	·734	·728	·721	·715	·709	·703	·696	·690	·684	·677	·671	·665	·658	·652	·646	·640
75	·775	·769	·762	·756	·750	·744	·737	·731	·725	·718	·712	·706	·700	·693	·687	·681	·674	·668
76	·804	·798	·792	·785	·779	·773	·767	·760	·754	·748	·741	·735	·729	·722	·716	·710	·703	·697
77	·835	·828	·822	·816	·809	·803	·797	·790	·784	·778	·771	·765	·759	·752	·746	·740	·734	·727
78	·866	·859	·853	·847	·840	·834	·828	·821	·815	·809	·802	·796	·790	·783	·777	·771	·765	·758
79	·898	·891	·885	·879	·872	·866	·860	·853	·847	·841	·834	·828	·822	·816	·809	·803	·797	·790
80	·931	·924	·918	·912	·905	·899	·893	·886	·880	·874	·867	·861	·855	·848	·842	·836	·829	·823
81	·965	·958	·952	·946	·939	·933	·927	·920	·914	·908	·901	·895	·889	·882	·876	·869	·863	·857
82	·999	·993	·987	·980	·974	·968	·961	·955	·949	·942	·936	·930	·923	·917	·911	·904	·898	·892

(45)

TABLE VI,

For finding the Tension of Vapour in the Air, in English inches, from the readings of the dry t' and wet bulb t' thermometers, at the mean barometric pressure of 27·7 inches and in the latitude of 22°—*(continued)*.

Wet bulb t'.	VALUES OF $t-t'$ IN DEGREES, FAHRENHEIT.																	
	16·5	17	17·5	18	18·5	19	19·5	20	20·5	21	21·5	22	22·5	23	23·5	24	24·5	25
53	·200	·194	·188	·182	·175	·169	·163	·157	·151	·144	·138	·132	·126	·120	·114	·107	·101	·095
54	·215	·209	·202	·196	·190	·184	·178	·172	·165	·159	·153	·147	·141	·134	·128	·122	·116	·110
55	·230	·224	·218	·212	·205	·199	·193	·187	·181	·174	·168	·162	·156	·150	·143	·137	·131	·125
56	·246	·240	·233	·227	·221	·215	·209	·202	·196	·190	·184	·178	·172	·165	·159	·153	·147	·141
57	·262	·256	·250	·244	·237	·231	·225	·219	·213	·206	·200	·194	·188	·182	·175	·169	·163	·157
58	·279	·273	·267	·260	·254	·248	·242	·236	·229	·223	·217	·211	·205	·198	·192	·186	·180	·174
59	·296	·290	·284	·278	·271	·265	·259	·253	·247	·240	·234	·228	·222	·216	·209	·203	·197	·191
60	·314	·308	·302	·296	·289	·283	·277	·271	·265	·258	·252	·246	·240	·233	·227	·221	·215	·209
61	·333	·326	·320	·314	·308	·302	·295	·289	·283	·277	·271	·264	·258	·252	·246	·239	·233	·227
62	·351	·345	·339	·332	·326	·320	·314	·307	·301	·295	·289	·282	·276	·270	·264	·257	·251	·245
63	·371	·365	·358	·352	·346	·340	·333	·327	·321	·315	·308	·302	·296	·290	·283	·277	·271	·265
64	·392	·386	·379	·373	·367	·361	·354	·348	·342	·336	·329	·323	·317	·311	·304	·298	·292	·286
65	·413	·407	·400	·394	·388	·382	·375	·369	·363	·357	·350	·344	·338	·332	·325	·319	·313	·307
66	·434	·428	·422	·416	·409	·403	·397	·391	·384	·378	·372	·366	·359	·353	·347	·341	·334	·328
67	·457	·450	·444	·438	·432	·425	·419	·413	·407	·400	·394	·388	·362	·375	·369	·363	·357	·350
68	·480	·473	·467	·461	·455	·448	·442	·436	·430	·423	·417	·411	·405	·398	·392	·386	·380	·373
69	·503	·497	·491	·485	·478	·472	·466	·459	·453	·447	·441	·434	·428	·422	·416	·409	·403	·397
70	·528	·522	·515	·509	·503	·496	·490	·484	·478	·471	·465	·459	·453	·446	·440	·434	·427	·421
71	·553	·547	·540	·534	·528	·522	·515	·509	·503	·497	·490	·484	·478	·471	·465	·459	·453	·446
72	·579	·573	·566	·560	·554	·548	·541	·535	·529	·522	·516	·510	·504	·497	·491	·485	·478	·472
73	·606	·599	·593	·587	·581	·574	·568	·562	·555	·549	·543	·536	·530	·524	·518	·511	·505	·499
74	·633	·627	·621	·614	·608	·602	·595	·589	·583	·577	·570	·564	·558	·551	·545	·539	·533	·526
75	·662	·655	·649	·643	·636	·630	·624	·618	·611	·605	·599	·592	·586	·580	·573	·567	·561	·555
76	·691	·685	·678	·672	·666	·659	·653	·647	·640	·634	·628	·621	·615	·609	·603	·596	·590	·584
77	·721	·715	·708	·702	·696	·689	·683	·677	·670	·664	·658	·651	·645	·639	·633	·626	·620	·614
78	·752	·746	·739	·733	·727	·720	·714	·708	·701	·695	·689	·682	·676	·670	·663	·657	·651	·644
79	·784	·778	·771	·765	·759	·752	·746	·740	·733	·727	·721	·714	·708	·702	·695	·689	·683	·676
80	·817	·810	·804	·798	·791	·785	·779	·772	·766	·760	·753	·747	·741	·734	·728	·722	·715	·709
81	·850	·844	·838	·831	·825	·819	·812	·806	·800	·793	·787	·781	·774	·768	·762	·755	·749	·743
82	·885	·879	·873	·866	·860	·854	·847	·841	·835	·828	·822	·816	·809	·803	·796	·790	·784	·777

(46)

TABLE VI,

For finding the Tension of Vapour in the Air, in English inches, from the readings of the dry t and wet bulb t' thermometers, at the mean barometric pressure of 27·7 inches and in the latitude of 22°—(continued).

Wet bulb t'.	Values of $t-t'$ in degrees, Fahrenheit.																
	25·5	26	26·5	27	27·5	28	28·5	29	29·5	30	30·5	31	31·5	32	32·5	33	33·5	34
48	·020	·014	·008	·002														
49	·033	·027	·021	·014	·008	·002												
50	·048	·042	·035	·029	·023	·017	·011	·005										
51	·061	·055	·049	·043	·036	·030	·024	·018	·012	·006								
52	·075	·069	·062	·056	·050	·044	·038	·032	·025	·019	·013	·007						
53	·089	·083	·077	·070	·064	·058	·052	·046	·040	·033	·027	·021	·015	·009	·003			
54	·104	·097	·091	·085	·079	·073	·067	·060	·054	·048	·042	·036	·029	·023	·017	·011	·005	
55	·119	·113	·106	·100	·094	·088	·082	·075	·069	·063	·057	·051	·045	·038	·032	·026	·020	·014
56	·134	·128	·122	·116	·110	·103	·097	·091	·085	·079	·072	·066	·060	·054	·048	·042	·035	·029
57	·151	·144	·138	·132	·126	·120	·113	·107	·101	·095	·089	·083	·076	·070	·064	·058	·052	·045
58	·167	·161	·155	·149	·142	·136	·130	·124	·118	·111	·105	·099	·093	·087	·080	·074	·068	·062
59	·185	·178	·172	·166	·160	·154	·147	·141	·135	·129	·122	·116	·110	·104	·098	·091	·085	·079
60	·202	·196	·190	·184	·178	·171	·165	·159	·153	·146	·140	·134	·128	·122	·115	·109	·103	·097
61	·221	·215	·208	·202	·196	·190	·183	·177	·171	·165	·159	·152	·146	·140	·134	·127	·121	·115
62	·239	·232	·226	·220	·214	·207	·201	·195	·189	·182	·176	·170	·164	·157	·151	·145	·139	·132
63	·258	·252	·246	·240	·233	·227	·221	·214	·208	·202	·196	·190	·183	·177	·171	·165	·158	·152
64	·280	·273	·267	·261	·255	·248	·242	·236	·230	·223	·217	·211	·205	·198	·192	·186	·180	·174
65	·300	·294	·288	·282	·275	·269	·263	·257	·250	·244	·238	·232	·225	·219	·213	·207	·200	·194
66	·322	·316	·309	·303	·297	·291	·284	·278	·272	·266	·259	·253	·247	·241	·235	·228	·222	·216
67	·344	·338	·332	·325	·319	·313	·307	·300	·294	·288	·282	·275	·269	·263	·257	·250	·244	·238
68	·367	·361	·354	·348	·342	·336	·329	·323	·317	·311	·304	·298	·292	·286	·279	·273	·267	·261
69	·391	·384	·378	·372	·366	·359	·353	·347	·340	·334	·328	·322	·315	·309	·303	·297	·290	·284
70	·415	·409	·402	·396	·390	·384	·377	·371	·365	·358	·352	·346	·340	·333	·327	·321	·315	·308
71	·440	·434	·427	·421	·415	·409	·402	·396	·390	·384	·377	·371	·365	·358	·352	·346	·340	·333
72	·466	·460	·453	·447	·441	·434	·428	·422	·416	·409	·403	·397	·390	·384	·378	·372	·365	·359
73	·492	·486	·480	·474	·467	·461	·455	·448	·442	·436	·430	·423	·417	·411	·404	·398	·392	·386
74	·520	·514	·507	·501	·495	·488	·482	·476	·470	·463	·457	·451	·444	·438	·432	·426	·419	·413
75	·548	·542	·536	·529	·523	·517	·510	·504	·498	·491	·485	·479	·473	·466	·460	·454	·447	·441
76	·577	·571	·565	·558	·552	·546	·539	·533	·527	·521	·514	·508	·502	·495	·489	·483	·476	·470
77	·607	·601	·595	·588	·582	·576	·569	·563	·557	·550	·544	·538	·532	·525	·519	·513	·506	·500
78	·638	·632	·626	·619	·613	·607	·600	·594	·588	·581	·575	·569	·562	·556	·550	·543	·537	·531
79	·670	·664	·657	·651	·645	·638	·632	·626	·619	·613	·607	·600	·594	·588	·581	·575	·569	·563
80	·703	·696	·690	·684	·677	·671	·665	·658	·652	·646	·639	·633	·627	·620	·614	·608	·601	·595
81	·736	·730	·724	·717	·711	·705	·698	·692	·686	·679	·673	·667	·660	·654	·648	·641	·635	·629
82	·771	·765	·758	·752	·746	·739	·733	·727	·720	·714	·708	·701	·695	·689	·682	·676	·670	·663

(47)

TABLE VI,

For finding the Tension of Vapour in the Air, in English inches, from the readings of the dry t and wet bulb t' thermometers, at the mean barometric pressure of 27·7 inches and in the latitude of 22°—(concluded).

Wet bulb t'.	Values of $t-t'$ in degrees, Fahrenheit.																
	34·5	35	35·5	36	36·5	37	37·5	38	38·5	39	39·5	40	40·5	41	41·5	42	42·5
53																	
54																	
55	·007																
56	·023	·017	·011	·004													
57	·039	·033	·027	·021	·014	·008	·002										
58	·056	·049	·043	·037	·031	·025	·018	·012	·006								
59	·073	·067	·060	·054	·048	·042	·036	·029	·023	·017	·011	·005					
60	·091	·084	·078	·072	·066	·060	·053	·047	·041	·035	·028	·022	·016	·010	·004		
61	·109	·103	·096	·090	·084	·078	·072	·065	·059	·053	·047	·040	·034	·028	·022	·016	·009
62	·126	·120	·114	·107	·101	·095	·089	·082	·076	·070	·064	·057	·051	·045	·039	·032	·026
63	·146	·140	·133	·127	·121	·115	·108	·102	·096	·090	·083	·077	·071	·065	·058	·052	·046
64	·167	·161	·155	·149	·142	·136	·130	·124	·117	·111	·105	·099	·092	·086	·080	·074	·068
65	·188	·182	·176	·169	·163	·157	·151	·144	·138	·132	·126	·119	·113	·107	·101	·094	·088
66	·210	·203	·197	·191	·185	·178	·172	·166	·160	·153	·147	·141	·135	·128	·122	·116	·110
67	·232	·225	·219	·213	·207	·200	·194	·188	·182	·175	·169	·163	·157	·150	·144	·138	·132
68	·254	·248	·242	·236	·229	·223	·217	·211	·204	·198	·192	·185	·179	·173	·167	·160	·154
69	·278	·272	·265	·259	·253	·246	·240	·234	·228	·221	·215	·209	·203	·196	·190	·184	·178
70	·302	·296	·290	·283	·277	·271	·264	·258	·252	·246	·239	·233	·227	·221	·214	·208	·202
71	·327	·321	·314	·308	·302	·296	·289	·283	·277	·271	·264	·258	·252	·245	·239	·233	·227
72	·353	·346	·340	·334	·328	·321	·315	·309	·303	·296	·290	·284	·277	·271	·265	·259	·252
73	·379	·373	·367	·360	·354	·348	·342	·335	·329	·323	·316	·310	·304	·297	·291	·285	·279
74	·407	·400	·394	·388	·381	·375	·369	·363	·356	·350	·344	·337	·331	·325	·318	·312	·306
75	·435	·428	·422	·416	·419	·403	·397	·391	·384	·378	·372	·365	·359	·353	·347	·340	·334
76	·464	·457	·451	·445	·439	·432	·426	·420	·413	·407	·401	·394	·388	·382	·375	·369	·363
77	·494	·487	·481	·475	·468	·462	·456	·449	·443	·437	·430	·424	·418	·412	·405	·399	·393
78	·524	·518	·512	·505	·499	·493	·486	·480	·474	·468	·461	·455	·449	·442	·436	·430	·423
79	·556	·550	·544	·537	·531	·525	·518	·512	·506	·499	·493	·487	·480	·474	·468	·461	·455
80	·589	·582	·576	·570	·563	·557	·551	·544	·538	·532	·525	·519	·513	·506	·500	·494	·487
81	·622	·616	·610	·603	·597	·591	·584	·578	·572	·565	·559	·553	·546	·540	·534	·527	·521
82	·657	·651	·644	·638	·632	·625	·619	·613	·606	·600	·593	·587	·581	·574	·568	·562	·555

(48)

TABLE VII,

For finding the Relative Humidity of the Air, from the readings of the dry t and wet bulb t' thermometers, at the mean barometric pressure of 27·7 inches.

Wet bulb t'.	Values of $t-t'$ in Degrees, Fahrenheit.														
	0	0·5	1	1·5	2	2·5	3	3·5	4	4·5	5	5·5	6	6·5	7
23	100	94	89	81	75	69	64	59	54	49	44	40	36	32	29
24	100	94	88	82	76	70	65	60	55	50	46	41	37	33	29
25	100	94	88	82	77	71	66	61	57	52	47	43	39	35	31
26	100	94	88	83	77	72	67	62	58	53	49	45	41	37	33
27	100	94	88	83	78	73	68	63	59	55	50	46	42	39	35
28	100	94	89	83	78	74	69	64	60	56	52	48	44	41	37
29	100	94	89	84	79	74	70	65	61	57	53	49	46	42	39
30	100	95	89	84	79	75	71	66	62	58	54	51	47	44	40
31	100	95	90	85	80	76	72	67	63	59	55	52	49	45	42
32	100	95	90	85	80	76	71	67	63	59	55	51	47	44	40
33	100	95	90	85	80	76	72	69	63	60	56	52	49	45	42
34	100	95	90	86	81	77	72	68	64	60	57	53	50	46	43
35	100	95	90	86	81	77	73	69	65	61	58	54	51	47	44
36	100	95	91	86	82	78	74	70	66	62	59	55	52	48	45
37	100	95	91	87	82	78	74	71	67	63	60	56	53	50	47
38	100	96	91	87	83	79	75	72	68	64	60	57	54	51	48
39	100	96	91	87	83	79	75	72	68	65	61	58	55	52	49
40	100	96	92	88	84	80	76	73	69	66	62	59	56	53	50
41	100	96	92	88	84	80	77	73	70	66	63	60	57	54	51
42	100	96	92	88	84	81	77	74	70	67	64	61	58	55	52
43	100	96	92	88	85	81	77	74	71	68	65	62	59	56	53
44	100	96	92	89	85	81	78	75	71	68	65	62	60	57	54
45	100	96	92	89	85	82	78	75	72	69	66	63	60	58	55
46	100	96	92	89	85	82	79	76	73	70	67	64	61	58	56
47	100	96	93	89	86	82	79	76	73	70	67	65	62	59	57
48	100	96	93	89	86	83	80	77	74	71	68	65	63	60	58
49	100	96	93	90	86	83	80	77	74	71	68	66	63	61	58
50	100	97	93	90	87	83	80	77	75	72	69	66	64	61	59
51	100	97	93	90	87	84	81	78	75	72	70	67	64	62	60
52	100	97	93	90	87	84	81	78	76	73	70	68	65	63	60

(49)

TABLE VII,

For finding the relative humidity of the air from the readings of the dry t and wet bulb t' thermometers, at the mean barometric pressure of 27·7 inches—(continued).

Wet bulb t'.	Values of $t-t'$ in Degrees, Fahrenheit.																
	7·5	8	8·5	9	9·5	10	10·5	11	11·5	12	12·5	13	13·5	14	14·5	15	15·5	16
23	24	20	16	13	10	7	4	1										
24	26	22	19	15	12	9	7	4	1									
25	28	24	21	18	15	12	9	6	3	1								
26	30	27	23	20	17	14	11	9	6	3	1							
27	32	28	25	22	19	16	14	11	8	6	3	1						
28	34	31	27	24	21	19	16	13	11	8	6	4	1					
29	35	32	29	26	23	21	18	15	13	11	8	6	4	2				
30	37	34	31	28	25	23	20	17	15	13	11	8	6	4	2			
31	39	36	33	30	27	25	22	20	17	15	13	11	9	7	5	3	1	
32	37	34	31	28	25	22	19	17	14	12	10	8	6	4				
33	38	35	32	29	26	24	21	19	16	14	12	10	8	6	4	2		
34	40	37	34	31	29	26	24	21	18	16	14	12	10	8	6	4	2	
35	41	38	35	33	30	27	25	23	20	18	16	14	12	10	8	6	4	2
36	43	40	37	34	32	29	27	24	22	20	18	16	14	12	10	8	6	4
37	44	42	39	36	33	31	28	26	24	22	20	18	16	13	12	10	8	6
38	45	42	40	37	35	33	30	28	25	23	21	19	17	15	13	11	10	8
39	46	44	41	39	36	33	31	29	27	24	23	21	19	17	15	13	11	10
40	47	45	42	40	37	35	33	31	28	26	24	22	20	18	17	15	13	11
41	48	46	44	41	39	36	34	32	30	28	26	24	22	20	18	16	15	13
42	49	47	45	42	40	37	35	33	31	29	27	25	23	21	19	18	16	15
43	50	48	46	43	41	38	36	34	32	30	28	26	24	23	21	19	18	16
44	51	49	47	44	42	40	38	35	33	31	30	28	26	24	22	21	19	18
45	52	50	48	45	43	41	39	37	35	33	31	29	27	25	24	22	21	19
46	53	51	49	46	44	42	40	38	36	34	32	30	28	27	25	24	22	21
47	54	52	50	47	45	43	41	39	37	35	33	31	30	28	27	25	24	22
48	55	53	51	48	46	44	42	40	38	36	34	33	31	29	28	26	25	23
49	56	54	51	49	47	45	43	41	39	37	35	34	32	30	29	27	26	24
50	57	54	52	50	48	46	44	42	40	38	36	35	33	32	30	29	27	26
51	57	55	53	51	49	47	45	43	41	39	37	36	34	33	31	30	28	27
52	58	56	54	51	50	48	46	44	42	40	38	37	35	34	32	31	29	28

(50)

TABLE VII,

For finding the relative humidity of the air from the readings of the dry *t* and wet bulb *t'* thermometers, at the mean barometric pressure of 27·7 inches—(*continued*).

Wet bulb *t'*.	VALUES OF *t—t'* IN DEGREES, FAHRENHEIT.																
	16·5	17	17·5	18	18·5	19	19·5	20	20·5	21	21·5	22	22·5	23	23·5	24	24·5	25
23																		
24																		
25																		
26																		
27																		
28																		
29																		
30																		
31																		
32																		
33																		
34																		
35	1																	
36	3	1																
37	5	3	1															
38	7	5	3	2														
39	8	7	5	4	2	1												
40	10	9	7	6	4	3	2	1										
41	12	10	9	7	6	5	3	2	1									
42	13	12	10	9	8	6	5	4	3	2	1							
43	15	13	12	11	9	8	7	6	4	3	2	1						
44	16	15	13	12	11	9	8	7	6	5	4	3	2	1				
45	18	16	15	14	12	11	10	9	8	7	5	4	3	2	1	1		
46	19	18	16	15	14	12	11	10	9	8	7	6	5	4	3	2	1	
47	21	19	18	16	15	14	13	11	10	9	8	7	6	5	4	4	3	2
48	22	20	19	18	17	15	14	13	12	11	10	9	8	7	6	5	4	3
49	23	22	20	19	18	17	15	14	13	12	11	10	9	8	7	6	5	5
50	24	23	22	20	19	18	17	16	14	13	12	11	10	9	8	7	7	6
51	26	24	23	21	20	19	18	17	16	15	14	13	12	11	10	9	8	7
52	27	25	24	23	21	20	19	18	17	16	15	14	13	12	11	10	9	9

(51)

TABLE VII,

For finding the relative humidity of the air from the readings of the dry t and wet bulb t' thermometers, at the mean barometric pressure of 27·7 inches —*(continued).*

Wet bulb t'.	Values of $t-t'$ in Degrees, Fahrenheit.														
	0	0·5	1	1·5	2	2·5	3	3·5	4	4·5	5	5·5	6	6·5	7
53	100	97	93	90	87	84	81	79	76	73	71	68	66	64	61
54	100	97	94	91	88	85	82	79	76	74	71	69	66	64	62
55	100	97	94	91	88	85	82	79	77	74	72	69	67	65	62
56	100	97	94	91	88	85	82	80	77	75	72	70	67	65	63
57	100	97	94	91	88	85	83	80	78	75	73	70	68	66	64
58	100	97	94	91	88	86	83	80	78	76	73	71	68	66	64
59	100	97	94	91	89	86	83	81	78	76	73	71	69	67	65
60	100	97	94	91	89	86	83	81	79	76	74	72	69	67	65
61	100	97	94	92	89	86	84	81	79	77	74	72	70	68	66
62	100	97	94	92	89	86	84	81	79	77	75	73	71	68	66
63	100	97	94	92	89	87	84	82	79	77	75	73	71	69	67
64	100	97	95	92	89	87	84	82	80	78	75	73	71	69	67
65	100	97	95	92	90	87	85	82	80	78	76	74	71	69	68
66	100	97	95	92	90	87	85	83	80	78	76	74	71	70	68
67	100	97	95	92	90	87	85	83	81	79	76	74	72	70	68
68	100	97	95	92	90	88	85	83	81	79	77	75	73	71	69
69	100	97	95	93	90	88	86	83	81	79	77	75	73	71	69
70	100	97	95	93	90	88	86	84			75	73	71	70
71	100	97	95	93	90	88	86	84	82	80	78	76	74	72	70
72	100	98	95	93	90	88	86	84	82	80	78	76	74	72	70
73	100	98	95	93	91	88	86	84	82	80	78	76	74	72	71
74	100	98	95	93	91	89	86	84	82	80	78	76	75	73	71
75	100	98	95	93	91	89	87	85	83	81	79	77	75	73	71
76	110	98	95	93	91	89	87	85	83	81	79	77	75	73	72
77	100	98	95	93	91	89	87	85	83	81	79	77	75	74	72
78	100	98	95	93	91	89	87	85	83	81	79	78	76	74	72
79	100	98	96	93	91	89	87	85	83	81	80	78	76	74	73
80	100	98	96	94	91	89	87	85	83	82	80	78	76	75	73
81	100	98	96	94	91	89	87	86	84	82	80	78	77	75	73
82	100	98	96	94	92	90	88	86	84	82	80	79	77	75	74

(52)

TABLE VII,

For finding the relative humidity of the air from the readings of the dry t and wet bulb t' thermometers, at the mean barometric pressure of 27·7 inches—(*continued*).

Wet bulb t'.	\multicolumn{15}{c}{Values of $t-t'$ in Degrees, Fahrenheit.}
	7·5	8	8·5	9	9·5	10	10·5	11	11·5	12	12·5	13	13·5	14	14·5	15	15·5	16
53	59	57	55	52	50	49	47	45	43	41	39	38	36	35	33	32	30	29
54	59	57	55	53	51	49	47	46	44	42	40	39	37	36	34	33	32	30
55	60	58	56	54	52	50	48	46	45	43	41	40	38	37	35	34	32	31
56	61	59	57	55	53	51	49	47	46	44	42	41	39	38	36	35	33	32
57	61	59	57	55	54	52	50	48	46	45	43	41	40	38	37	36	34	33
58	62	60	58	56	54	52	51	49	47	45	44	42	41	39	38	37	35	34
59	63	61	59	57	55	53	51	50	48	46	45	43	42	40	39	37	36	35
60	63	61	59	57	55	54	52	50	49	47	45	44	43	41	39	38	37	36
61	64	62	60	58	56	54	53	51	49	48	46	45	43	42	40	39	38	36
62	64	62	60	58	56	55	53	52	50	48	47	45	44	42	41	40	38	37
63	65	63	61	59	57	56	54	52	50	49	48	46	44	43	42	41	39	38
64	65	63	61	60	58	56	54	52	51	50	48	47	45	44	43	41	40	39
65	66	64	62	60	58	57	55	53	52	50	49	47	46	45	44	42	41	39
66	66	64	62	61	59	57	55	53	52	51	49	48	47	45	44	43	41	40
67	67	65	63	61	59	58	56	55	53	52	50	49	47	46	45	43	42	41
68	67	65	63	62	60	58	56	55	54	52	51	49	48	47	45	44	43	42
69	69	66	64	62	60	59	57	56	54	53	51	50	49	47	46	45	44	43
70	68	66	64	63	61	59	58	56	55	53	52	50	49	48	47	45	44	43
71	68	66	65	63	61	60	58	57	55	54	52	51	50	48	47	46	45	43
72	69	67	65	63	62	60	59	57	56	54	53	52	50	49	48	46	4	44
73	69	67	66	64	62	61	59	58	56	55	53	52	51	49	48	47	46	45
74	69	68	66	64	63	61	60	58	57	55	54	53	52	50	49	47	46	45
75	70	68	67	65	63	62	60	59	57	56	54	53	52	51	49	48	47	46
76	70	68	67	65	64	62	61	59	58	56	55	54	53	51	50	49	47	46
77	70	69	67	65	64	62	61	60	58	57	55	54	53	52	50	49	48	47
78	71	69	68	66	64	63	61	60	58	57	56	55	54	52	51	50	49	47
79	71	69	68	66	65	63	62	60	59	58	56	55	54	53	51	50	49	48
80	71	70	68	66	65	64	62	61	59	58	57	55	54	53	52	51	50	48
81	72	70	69	67	65	64	63	61	60	58	57	56	55	53	52	51	50	49
82	72	70	69	67	66	64	63	62	60	59	57	56	55	54	53	52	51	49

(53)

TABLE VII,

For finding the relative humidity of the air from the readings of the dry t and wet bulb t' thermometers, at the mean barometric pressure of 27·7 inches—(*continued*).

Wet bulb t'.	Values of $t-t'$ in Degrees, Fahrenheit.																	
	16·5	17	17·5	18	18·5	19	19·5	20	20·5	21	21·5	22	22·5	23	23·5	24	24·5	25
53	28	26	25	24	23	21	20	19	18	17	16	15	14	13	12	11	11	10
54	29	27	26	25	24	22	21	20	19	18	17	16	15	14	13	13	12	11
55	30	28	27	26	25	24	22	21	20	19	18	17	16	15	14	14	13	12
56	31	29	28	27	26	25	23	22	21	20	19	18	17	17	16	15	14	13
57	32	30	29	28	27	26	24	23	22	21	20	19	18	18	17	16	15	14
58	33	31	30	29	28	27	25	24	23	22	21	20	19	19	18	17	16	15
59	33	32	31	30	29	28	26	25	24	23	22	21	20	20	19	18	17	16
60	34	33	32	31	29	28	27	26	25	24	23	22	21	21	20	19	18	17
61	35	34	33	32	30	29	28	27	26	25	24	23	22	21	21	20	19	18
62	36	35	34	32	31	30	29	28	27	26	25	24	23	22	22	21	20	19
63	37	36	34	33	32	31	30	29	28	27	26	25	24	23	22	22	21	20
64	37	36	35	34	33	32	31	30	29	28	27	26	25	24	23	22	23	21
65	38	37	36	35	34	33	31	30	30	29	28	27	26	25	24	23	22	22
66	39	38	37	35	34	33	32	31	30	29	28	27	26	26	25	24	23	22
67	40	38	37	36	35	34	33	32	31	30	29	28	27	26	26	25	24	23
68	40	39	38	37	36	35	34	33	32	31	30	29	28	27	26	26	25	24
69	41	40	39	38	37	36	35	33	33	32	31	30	29	28	27	26	26	25
70	42	40	39	38	37	36	35	34	33	32	31	30	29	29	28	27	26	25
71	42	41	40	39	38	37	36	35	34	33	32	31	30	29	28	28	27	26
72	43	42	41	39	38	37	37	36	35	34	33	32	31	30	29	28	28	27
73	44	42	41	40	39	38	37	36	35	34	34	33	32	31	30	29	28	27
74	44	43	42	41	40	39	38	37	36	35	34	33	32	31	31	30	29	28
75	45	44	43	41	40	39	38	38	36	35	35	34	33	32	31	30	29	29
76	45	44	43	42	41	40	39	38	37	36	35	34	34	33	32	31	30	29
77	46	45	44	43	42	40	40	39	38	37	36	35	34	33	32	32	31	30
78	46	45	44	43	42	41	40	39	38	37	36	35	35	34	33	32	31	31
79	47	46	45	44	43	42	41	40	39	38	37	36	35	34	34	33	32	31
80	47	46	45	44	43	42	41	40	39	38	37	37	36	35	34	33	33	32
81	48	47	46	45	44	43	42	41	40	39	38	37	36	35	35	34	33	32
82	48	47	46	45	44	43	42	41	40	39	39	38	37	36	35	34	34	33

(54)

TABLE VII,

For finding the relative humidity of the air from the readings of the dry *t* and wet bulb *t'* thermometers, at the mean barometric pressure of 27 7 inches – (*continued*).

Wet bulb *t'*.	VALUES OF *t—t'* IN DEGREES, FAHRENHEIT.																
	25·5	26	26·5	27	27·5	28	28·5	29	29·5	30	30·5	31	31·5	32	32·5	33	33·5	34
48	3	2	1															
49	4	3	2	2	1													
50	5	4	3	3	2	2	1	1										
51	6	5	4	4	3	3	2	2	1	1								
52	8	7	7	6	5	4	4	3	3	2	2	1						
53	9	8	8	7	6	5	5	4	4	3	3	2	2	1	1			
54	10	9	9	8	7	6	6	5	5	4	4	3	3	2	2	1	1	
55	11	10	10	9	8	8	7	6	6	5	5	4	4	3	3	2	2	1
56	12	12	11	10	10	9	8	7	7	6	6	5	5	4	4	3	3	2
57	13	13	12	11	11	10	9	8	8	7	7	6	6	5	5	4	4	3
58	14	14	13	12	12	11	10	10	9	8	8	7	7	6	6	5	5	4
59	15	15	14	13	13	12	11	11	10	9	9	8	8	7	7	6	6	5
60	17	16	15	14	14	13	12	12	11	10	10	9	9	8	8	7	7	6
61	17	17	16	15	14	14	13	12	12	11	11	10	10	9	8	8	8	7
62	18	17	17	16	15	15	14	13	13	12	11	11	10	10	9	9	8	8
63	19	18	17	17	16	16	15	14	14	13	12	12	11	11	10	10	9	9
64	20	19	18	18	17	16	16	15	15	14	13	13	12	12	11	11	10	9
65	21	20	19	19	18	17	16	16	15	15	14	13	13	12	12	11	11	10
66	22	21	20	19	19	18	17	17	16	16	15	14	14	13	12	12	12	11
67	22	22	21	20	19	19	18	18	17	16	16	15	14	14	13	13	12	12
68	23	22	22	21	20	20	19	18	18	17	16	16	15	15	14	14	13	13
69	24	23	22	22	21	20	20	19	18	18	17	17	16	16	15	14	14	13
70	25	24	23	22	22	21	20	20	19	19	18	17	17	16	16	15	15	14
71	25	25	24	23	22	22	21	21	20	19	19	18	17	17	16	16	15	15
72	26	25	25	24	23	23	22	21	21	20	19	19	18	18	17	17	16	16
73	27	26	25	25	24	23	23	22	21	21	20	19	19	18	18	17	17	16
74	27	27	26	25	25	24	23	23	22	21	21	20	19	19	18	18	17	17
75	28	27	27	26	25	25	24	23	23	22	21	21	20	20	19	19	18	17
76	29	28	27	27	26	25	25	24	23	23	22	21	21	20	20	19	19	18
77	29	29	28	27	26	26	25	25	24	23	23	22	21	21	20	20	19	19
78	30	29	28	28	27	26	26	25	24	24	23	23	22	22	21	20	20	19
79	30	30	29	28	28	27	26	26	25	24	24	23	23	22	22	21	20	20
80	31	30	30	29	28	28	27	26	26	25	24	24	23	23	22	22	21	21
81	31	31	30	29	28	28	27	27	26	26	25	24	24	23	23	22	22	21
82	32	31	31	30	29	29	28	27	27	26	26	25	24	24	23	23	22	22

(55)

TABLE VII,

For finding the relative humidity of the air from the readings of the dry and wet bulb thermometers, at the mean barometric pressure of 27·7 inches—*(concluded).*

Wet bulb t'.	Values of $t-t'$ in Degrees, Fahrenheit.																
	34·5	35	35·5	36	36·5	37	37·5	38	38·5	39	39·5	40	40·5	41	41·5	42	42·5
53																	
54																	
55	1																
56	2	1	1														
57	3	2	2	1	1	1											
58	4	3	3	2	2	1	1	1									
59	5	4	4	3	3	2	2	2	1	1							
60	6	5	5	4	4	3	3	3	2	2	2	1	1	1			
61	7	6	6	5	5	4	4	3	3	3	2	2	2	1	1	1	1
62	7	7	6	6	6	5	5	4	4	3	3	3	2	2	2	1	1
63	8	8	7	7	6	6	6	5	5	4	4	4	3	3	3	2	2
64	9	9	8	8	7	7	7	6	6	5	5	5	4	4	4	3	3
65	10	9	9	9	8	8	7	7	7	6	6	5	5	5	4	4	4
66	11	10	10	9	9	8	8	8	7	7	7	6	6	5	5	5	4
67	11	11	10	10	10	9	9	8	8	8	7	7	7	6	6	6	5
68	12	12	11	11	11	10	10	9	9	8	8	8	7	7	7	6	6
69	13	12	12	12	11	11	10	10	9	9	9	8	8	8	7	7	7
70	14	13	13	12	12	11	11	10	10	10	9	9	9	8	8	8	7
71	14	14	13	13	12	12	12	11	11	10	10	10	9	9	9	8	8
72	15	15	14	14	13	13	12	12	11	11	11	10	10	10	9	9	9
73	16	15	15	14	14	13	13	13	12	12	11	11	11	10	10	10	9
74	16	16	15	15	14	14	14	13	13	12	12	12	11	11	11	10	10
75	17	16	16	16	15	15	14	14	13	13	13	12	12	12	11	11	11
76	18	17	17	16	16	15	15	14	14	14	13	13	12	12	12	11	11
77	18	18	17	17	16	16	15	15	14	14	14	13	13	13	12	12	12
78	19	18	18	17	17	17	16	16	15	15	14	14	14	13	13	13	12
79	19	19	18	18	18	17	17	16	16	15	15	15	14	14	13	13	13
80	20	20	19	19	18	18	17	17	16	16	16	15	15	14	14	14	13
81	21	20	20	19	19	18	18	17	17	16	16	16	15	15	14	14	14
82	21	21	20	20	19	19	18	18	17	17	17	16	16	15	15	15	14

(56)

Table VIII,

For finding the Tension of Vapour in the Air, in English inches, from the readings of the dry t and wet bulb t' thermometers, at the mean barometric pressure of 25·8 inches and in the latitude of 22°.

Wet bulb t'	Values of $t-t'$ in degrees, Fahrenheit.														
	0	0·5	1	1·5	2	2·5	3	3·5	4	4·5	5	5·5	6	6·5	7
23	·123	·118	·113	·107	·102	·091	·092	·087	·082	·077	·072	·067	·062	·057	·051
24	·128	·123	·118	·113	·108	·103	·098	·393	·067	·062	·077	·072	·067	·002	·057
25	·134	·129	·124	·119	·114	·108	·103	·098	·093	·088	·063	·078	·073	·068	·063
26	·140	·135	·130	·125	·120	·114	·109	·104	·099	·094	·089	·084	·079	·074	·069
27	·146	·141	·136	·131	·126	·121	·116	·110	·105	·100	·095	·090	·085	·080	·075
28	·153	·148	·142	·137	·132	·127	·122	·117	·112	·107	·102	·096	·091	·086	·081
29	·159	·154	·149	·144	·139	·134	·129	·124	·119	·113	·108	·103	·098	·093	·088
30	·167	·161	·156	·151	·146	·141	·136	·131	·126	·120	·115	·110	·105	·100	·095
31	·174	·169	·164	·158	·153	·148	·143	·138	·133	·128	·123	·118	·112	·107	·102
32	·182	·176	·170	·165	·159	·153	·148	·142	·136	·131	·125	·120	·114	·108	·103
33	·189	·183	·178	·172	·166	·161	·155	·149	·144	·138	·132	·127	·121	·116	·110
34	·197	·191	·185	·180	·174	·168	·163	·157	·151	·146	·140	·134	·129	·123	·117
35	·204	·199	·193	·187	·182	·176	·171	·165	·159	·154	·148	·142	·137	·131	·125
36	·213	·207	·201	·196	·190	·184	·179	·173	·167	·162	·156	·150	·145	·139	·133
37	·221	·215	·210	·204	·198	·193	·187	·181	·175	·170	·164	·159	·153	·147	·142
38	·230	·224	·218	·213	·207	·201	·196	·190	·184	·179	·173	·167	·162	·156	·150
39	·239	·233	·227	·222	·216	·210	·205	·199	·193	·188	·182	·176	·171	·165	·159
40	·248	·243	·237	·231	·226	·220	·214	·208	·203	·197	·191	·186	·180	·174	·169
41	·258	·252	·247	·241	·235	·229	·224	·218	·212	·207	·201	·195	·190	·184	·178
42	·268	·262	·257	·251	·245	·240	·234	·228	·222	·217	·211	·205	·200	·194	·188
43	·278	·273	·267	·261	·256	·250	·244	·238	·233	·227	·221	·216	·210	·204	·199
44	·289	·283	·278	·272	·266	·261	·255	·249	·243	·238	·232	·226	·221	·215	·209
45	·300	·295	·289	·283	·278	·272	·266	·260	·255	·249	·243	·238	·232	·226	·221
46	·312	·306	·300	·295	·289	·283	·277	·272	·266	·260	·255	·249	·243	·237	·232
47	·324	·318	·312	·306	·301	·295	·289	·283	·278	·272	·266	·261	·255	·249	·244
48	·336	·330	·324	·319	·313	·307	·302	·296	·290	·284	·279	·273	·267	·262	·256
49	·349	·343	·337	·331	·326	·320	·314	·309	·303	·297	·291	·286	·290	·274	·268
50	·362	·356	·350	·345	·339	·333	·327	·322	·316	·310	·304	·299	·293	·287	·282
51	·375	·370	·364	·358	·352	·347	·341	·335	·329	·324	·318	·312	·306	·301	·295
52	·389	·384	·378	·372	·366	·361	·355	·349	·343	·338	·332	·326	·320	·315	·309

(57)

TABLE VIII,

For finding the Tension of Vapour in the Air, in English inches, from the readings of the dry t and wet bulb t' thermometers, at the mean barometric pressure of 25·8 inches in the latitude of 22°—(*continued*).

Wet bulb t'.	VALUES OF $t-t'$ IN DEGREES, FAHRENHEIT.																	
	7·5	8	8·5	9	9·5	10	10·5	11	11·5	12	12·5	13	13·5	14	14·5	15	15·5	16
23	·046	·041	·036	·031	·026	·021	·016	·011	·006	·001								
24	·052	·047	·042	·037	·031	·026	·021	·016	·011	·006	·001							
25	·057	·052	·047	·042	·037	·032	·027	·022	·017	·012	·007	·001						
26	·063	·058	·053	·048	·043	·038	·033	·028	·023	·018	·012	·007	·002					
27	·070	·064	·059	·054	·049	·044	·039	·034	·029	·024	·019	·013	·008	·003				
28	·076	·071	·066	061	·056	·051	·045	·040	·035	·030	·025	·020	·015	·010	·005			
29	·083	·078	·072	·067	·062	·057	·052	·047	·042	·037	·032	·026	·021	·016	·011	·006	·001	
30	·090	·085	·080	·074	·069	·064	·059	·054	·049	·044	·039	·033	·028	·023	·018	·013	·008	·003
31	·097	·092	·087	·082	·077	·071	·066	·061	·056	·051	·046	·041	·036	·030	·025	·020	·015	·010
32	·097	·091	·086	·080	·074	·069	·063	·058	·052	·046	·041	·035	·029	·024	·018	·012	·007	·001
33	·104	·099	·093	·087	·082	·076	·070	·065	·059	·053	·048	·042	·036	·031	·025	·020	·014	·008
34	·112	·106	·100	·095	·089	·084	·078	·072	·067	·061	·055	·050	·044	·038	·033	·027	·021	·016
35	·120	·114	·108	·103	·097	·091	·086	·080	·074	·069	·063	·057	·052	·046	·040	·035	·029	·023
36	·128	·122	·116	·111	·105	·099	·094	·088	·082	·077	·071	·065	·060	·054	·048	·043	·037	·031
37	·136	·130	·125	·119	·113	·108	·102	·096	·091	·085	·079	·074	·068	·062	·057	·061	·045	·040
38	·145	·139	·133	·128	·122	·116	·111	·105	·099	·094	·088	·082	·077	·071	·065	·060	·054	·048
39	·154	·148	·142	·137	·131	·125	·120	·114	·108	·103	·097	·091	·086	·080	·074	·069	·063	·057
40	·163	·157	·152	·146	·140	·135	·129	·123	·118	·112	·106	·101	·095	·089	·083	·078	·072	·066
41	·173	·167	·161	·156	·150	·144	·138	·133	·127	·121	·116	·110	·104	·099	·093	·087	·082	·076
42	·183	·177	·171	·166	·160	·154	·148	·143	·137	·131	·126	·120	·114	·109	·103	·097	·092	·086
43	·193	·187	·182	·176	·170	·164	·159	·153	·147	·142	·136	·130	·125	·119	·113	·107	·102	·096
44	·204	·198	·192	·186	·181	·175	·169	·164	·158	·152	·147	·141	·135	·129	·124	·118	·112	·107
45	·215	·209	·203	·198	·192	·186	·180	·175	·169	·163	·158	·152	·146	·141	·135	·129	·123	·118
46	·226	·220	·215	·209	·203	·197	·192	·186	·180	·175	·169	·163	·158	·152	·146	·140	·135	·129
47	·238	·232	·226	·221	·215	·209	·204	·198	·192	·186	·181	·175	·169	·163	·158	·152	·146	·141
48	·250	·244	·239	·233	·227	·221	·216	·210	·204	·199	·193	·187	·181	·176	·170	·164	·159	·153
49	·263	·257	·251	·246	·240	·234	·228	·223	·217	·211	·205	·200	·194	·188	·183	·177	·171	·165
50	·276	·270	·264	·259	·253	·247	·241	·236	·230	·224	·218	·213	·207	·201	·196	·190	·184	·178
51	·289	·284	·278	·272	·266	·261	·255	·249	·243	·238	·232	·226	·220	·215	·209	·203	·197	·192
52	·303	·297	·292	·286	·280	·275	·269	·263	·257	·252	·246	·240	·234	·229	·223	·217	·211	·206

H

(58)

TABLE VIII,

For finding the Tension of Vapour in the Air, in English inches, from the readings of the dry t and wet bulb t' thermometers, at the mean barometric pressure of 25·8 inches and in the latitude of 22°—(*continued*).

Wet bulb t'.	Values of $t-t'$ in Degrees, Fahrenheit.																	
	16·5	17	17·5	18	18·5	19	19·5	20	20·5	21	21·5	22	22·5	23	23·5	24	24·5	25
23																		
24																		
25																		
26																		
27																		
28																		
29																		
30																		
31	·005																	
32																		
33	·003																	
34	·010	·004																
35	·018	·012	·007															
36	·026	·020	·014	·009	·003													
37	·034	·028	·023	·017	·011	·006												
38	·043	·037	·031	·026	·020	·014	·009	·003										
39	·052	·046	·040	·035	·029	·023	·017	·012	·006									
40	·061	·055	·049	·044	·038	·032	·027	·021	·015	·010	·004							
41	·070	·065	·059	·053	·048	·042	·036	·030	·025	·019	·013	·008	·002					
42	·080	·075	·069	·063	·057	·052	·046	·040	·035	·029	·023	·018	·012	·006				
43	·090	·085	·079	·073	·068	·062	·056	·050	·045	·039	·033	·028	·022	·016	·011	·005		
44	·101	·095	·090	·084	·078	·072	·067	·061	·055	·050	·044	·038	·032	·027	·021	·015	·010	·004
45	·112	·106	·101	·095	·089	·084	·078	·072	·066	·061	·055	·049	·044	·038	·032	·026	·021	·015
46	·123	·118	2	·106	·100	·095	·089	·083	·078	·072	·066	·060	·055	·049	·043	·039	·032	·026
47	·135	·129	·123	·118	·112	·106	·101	·095	·089	·083	·078	·072	·066	·061	·055	·049	·043	·038
48	·147	·141	·136	·130	·124	·118	·113	·107	·101	·096	·090	·084	·078	·073	·067	·061	·055	·050
49	·160	·154	·149	·142	·137	·131	·125	·120	·114	·108	·102	·097	·091	·085	·079	·074	·068	·062
50	·173	·167	·161	·155	·150	·144	·138	·132	·127	·121	·115	·110	·104	·098	·092	·087	·081	·075
51	·186	·180	·174	·169	·163	·157	·152	·146	·140	·134	·129	·123	·117	·111	·106	·100	·094	·088
52	·200	·194	·188	·183	·177	·171	·165	·160	·154	·148	·142	·137	·131	·125	·119	·114	·108	·102

TABLE VIII,

For finding the Tension of Vapour in the Air, in English inches, from the readings of the dry t and wet bulb t' thermometers, at the mean barometric pressure of 25·8 inches and in the latitude of 22°—*(continued)*.

Wet bulb t'.	VALUES OF $t-t'$ IN DEGREES, FAHRENHEIT.																	
	25·5	26	26·5	27	27·5	28	28·5	29	29·5	30	30·5	31	31·5	32	32·5	33	33·5	34
23																		
24																		
25																		
26																		
27																		
28																		
29																		
30																		
31																		
32																		
33																		
34																		
35																		
36																		
37																		
38																		
39																		
40																		
41																		
42																		
43																		
44																		
45	·009	·004																
46	·020	·015	·009	·003														
47	·032	·026	·021	·015	·009	·003												
48	·044	·038	·033	·027	·021	·015	·010	·004										
49	·057	·051	·045	·039	·034	·028	·022	·016	·011	·005								
50	·069	·064	·058	·052	·046	·041	·035	·029	·024	·018	·012	·006	·001					
51	·083	·077	·071	·065	·060	·054	·048	·042	·037	·031	·025	·020	·014	·008	·002			
52	·096	·091	·085	·079	·073	·068	·062	·056	·050	·045	·039	·033	·027	·022	·016	·010	·005	

(60)

TABLE VIII,

For finding the Tension of Vapour in the Air, in English inches, from the readings of the dry *t* and wet bulb *t'* thermometers, at the mean barometric pressure of 25·8 inches and in the latitude of 22°—(*continued*).

Wet bulb *t'*.	Values of *t−t'* in Degrees, Fahrenheit.														
	0	0·5	1	1·5	2	2·5	3	3·5	4	4·5	5	5·5	6	6·5	7
53	·404	·398	·392	·387	·381	·375	·369	·364	·358	·352	·346	·341	·335	·329	·323
54	·419	·413	·407	·401	·396	·390	·384	·378	·373	·367	·361	·355	·350	·344	·338
55	·434	·428	·423	·417	·411	·405	·400	·394	·388	·382	·377	·371	·365	·359	·354
56	·450	·444	·439	·433	·427	·421	·416	·410	·404	·398	·392	·387	·381	·375	·369
57	·467	·461	·455	·449	·444	·438	·432	·426	·421	·415	·409	·403	·397	·392	·386
58	·484	·478	·472	·466	·461	·455	·449	·443	·437	·432	·426	·420	·414	·409	·403
59	·501	·495	·490	·484	·478	·472	·466	·461	·455	·449	·443	·438	·432	·426	·420
60	·519	·514	·508	·502	·496	·490	·485	·479	·473	·467	·461	·456	·450	·444	·438
61	·538	·532	·526	·521	·515	·509	·503	·497	·492	·486	·480	·474	·468	·463	·457
62	·557	·551	·546	·540	·534	·528	·522	·517	·511	·505	·499	·493	·488	·482	·476
63	·577	·571	·566	·560	·554	·548	·542	·537	·531	·525	·519	·513	·508	·502	·496
64	·598	·592	·586	·580	·574	·569	·563	·557	·551	·545	·540	·534	·528	·522	·516
65	·619	·613	·607	·601	·596	·590	·584	·578	·572	·566	·561	·555	·549	·543	·537
66	·641	·635	·629	·623	·617	·612	·606	·600	·594	·588	·582	·577	·571	·565	·559
67	·663	·657	·651	·646	·640	·634	·628	·622	·617	·611	·605	·599	·593	·587	·582
68	·686	·680	·675	·669	·663	·657	·651	·645	·640	·634	·628	·622	·616	·611	·605
69	·710	·704	·699	·693	·687	·681	·675	·669	·663	·658	·652	·646	·640	·634	·628
70	·735	·729	·723	·717	·711	·706	·700	·694	·688	·682	·676	·671	·665	·659	·653
71	·760	·754	·749	·743	·737	·731	·725	·719	·713	·708	·702	·696	·690	·684	·678
72	·786	·781	·775	·769	·763	·757	·751	·745	·740	·734	·728	·722	·716	·710	·704
73	·813	·807	·802	·796	·790	·784	·778	·772	·766	·761	·755	·749	·743	·737	·731
74	·841	·835	·829	·823	·818	·812	·806	·800	·794	·788	·782	·777	·771	·765	·759
75	·870	·864	·858	·852	·846	·840	·834	·829	·823	·817	·811	·805	·799	·793	·787
76	·899	·893	·887	·881	·876	·870	·864	·858	·852	·846	·840	·834	·829	·823	·817
77	·929	·923	·918	·912	·906	·900	·894	·888	·882	·876	·870	·865	·859	·853	·847
78	·960	·955	·949	·943	·937	·931	·925	·919	·913	·908	·902	·896	·890	·884	·878
79	·993	·987	·981	·975	·969	·963	·957	·951	·946	·940	·934	·928	·922	·916	·910
80	1·026	1·020	1·014	1·008	1·002	·996	·990	·984	·978	·973	·967	·961	·955	·949	·943
81	1·060	1·054	1·048	1·042	1·036	1·030	1·024	1·018	1·012	1·007	1·001	·995	·989	·983	·977
82	1·095	1·089	1·083	1·077	1·071	1·065	1·059	1·053	1·047	1·041	1·036	1·030	1·024	1·018	1·012

(61)

TABLE VIII,

For finding the Tension of Vapour in the Air, in English inches, from the readings of the dry t and wet bulb t' thermometers, at the mean barometric pressure of 25·9 inches and in the latitude of 22°—(*continued*).

Wet bulb t'.	Values of $t-t'$ in Degrees, Fahrenheit.																	
	7·5	8	8·5	9	9·5	10	10·5	11	11·5	12	12·5	13	13·5	14	14·5	15	15·5	16
53	·318	·312	·306	·300	·295	·289	·283	·277	·272	·266	·260	·254	·249	·243	·237	·231	·226	·220
54	·332	·327	·321	·315	·309	·304	·298	·292	·286	·281	·275	·269	·263	·258	·252	·246	·240	·235
55	·348	·342	·336	·331	·325	·319	·313	·307	·302	·296	·290	·284	·279	·273	·267	·261	·256	·250
56	·364	·358	·352	·346	·341	·335	·329	·323	·318	·312	·306	·300	·294	·289	·283	·277	·271	·266
57	·380	·374	·369	·363	·357	·351	·345	·340	·334	·328	·322	·317	·311	·305	·299	·294	·288	·282
58	·397	·391	·385	·380	·374	·368	·362	·357	·351	·345	·339	·333	·328	·322	·316	·310	·335	·299
59	·414	·409	·403	·397	·391	·386	·380	·374	·368	·362	·357	·351	·345	·339	·334	·328	·322	·316
60	·433	·427	·421	·415	·409	·404	·398	·392	·386	·380	·375	·369	·363	·357	·352	·346	·340	·334
61	·451	·445	·440	·434	·428	·422	·416	·411	·405	·399	·393	·287	·382	·376	·370	·364	·358	·353
62	·470	·464	·459	·453	·447	·441	·435	·430	·424	·418	·412	·406	·401	·395	·389	·383	·378	·372
63	·490	·484	·479	·473	·467	·461	·455	·450	·444	·438	·432	·426	·421	·415	·409	·403	·397	·391
64	·511	·505	·499	·493	·487	·481	·476	·470	·464	·458	·452	·447	·441	·435	·429	·423	·418	·412
65	·532	·526	·520	·514	·508	·503	·497	·491	·485	·479	·473	·468	·462	·456	·450	·444	·439	·433
66	·553	·548	·542	·536	·530	·524	·518	·513	·507	·501	·495	·489	·484	·478	·472	·466	·460	·454
67	·576	·570	·564	·558	·552	·547	·541	·535	·529	·523	·518	·512	·506	·500	·494	·488	·483	·477
68	·599	·593	·587	·581	·576	·570	·564	·558	·552	·546	·541	·535	·529	·523	·517	·511	·506	·500
69	·623	·617	·611	·605	·599	·593	·588	·582	·576	·570	·564	·558	·553	·547	·541	·535	·529	·523
70	·647	·641	·636	·630	·624	·618	·612	·606	·600	·595	·589	·583	·577	·571	·565	·560	·554	·548
71	·673	·667	·661	·655	·649	·643	·637	·632	·626	·620	·614	·608	·602	·597	·591	·585	·579	·573
72	·699	·693	·687	·681	·675	·669	·663	·658	·652	·646	·640	·634	·628	·623	·617	·611	·605	·599
73	·725	·720	·714	·708	·702	·696	·690	·684	·679	·673	·667	·661	·655	·649	·643	·638	·632	·626
74	·753	·747	·741	·736	·730	·724	·718	·712	·706	·700	·694	·689	·683	·677	·671	·665	·659	·653
75	·782	·776	·770	·764	·758	·752	·746	·741	·735	·729	·723	·717	·711	·705	·699	·694	·688	·682
76	·811	·805	·799	·793	·787	·782	·776	·770	·764	·758	·752	·746	·740	·735	·729	·723	·717	·711
77	·841	·835	·829	·823	·818	·812	·806	·800	·794	·788	·782	·776	·771	·765	·759	·753	·747	·741
78	·872	·866	·860	·855	·849	·843	·837	·831	·825	·819	·813	·807	·802	·796	·790	·784	·778	·772
79	·904	·898	·893	·887	·881	·875	·869	·863	·857	·851	·845	·839	·834	·828	·822	·816	·810	·804
80	·937	·931	·925	·919	·914	·908	·902	·896	·890	·884	·878	·872	·866	·861	·855	·849	·843	·837
81	·971	·965	·959	·953	·948	·942	·936	·930	·924	·918	·912	·906	·900	·894	·888	·883	·877	·871
82	1·006	1·000	·994	·988	·982	·977	·971	·965	·959	·953	·947	·941	·935	·929	·923	·917	·912	·906

(62)

TABLE VIII,

For finding the Tension of Vapour in the Air, in English inches, from the readings of the dry t and wet bulb t' thermometers, at the mean barometric pressure of 25·8 inches and in the latitude of 22°—(*continued*).

Wet bulb t'.	Values of $t-t'$ in Degrees, Fahrenheit.																		
	16·5	17	17·5	18	18·5	19	19·5	20	20·5	21	21·5	22	22·5	23	23·5	24	24·5	25
53	·214	·208	·203	·197	·191	·185	·180	·174	·168	·162	·157	·151	·145	·139	·134	·128	·122	·116
54	·229	·223	·217	·212	·206	·200	·194	·189	·183	·177	·171	·166	·160	·154	·148	·143	·137	·131
55	·244	·238	·233	·227	·221	·215	·210	·204	·198	·192	·187	·181	·175	·169	·163	·158	·152	·146
56	·260	·254	·248	·243	·237	·231	·225	·220	·214	·208	·202	·196	·191	·185	·179	·173	·168	·162
57	·276	·270	·265	·259	·253	·247	·242	·236	·230	·224	·219	·213	·207	·201	·195	·190	·184	·178
58	·293	·287	·281	·276	·270	·264	·258	·253	·247	·241	·235	·229	·224	·218	·212	·206	·201	·195
59	·310	·305	·299	·293	·287	·281	·276	·270	·264	·258	·253	·247	·241	·235	·229	·224	·218	·212
60	·328	·323	·317	·311	·305	·299	·294	·288	·282	·276	·270	·265	·259	·253	·247	·242	·236	·230
61	·347	·341	·335	·329	·324	·318	·312	·306	·300	·295	·289	·283	·277	·272	·266	·260	·254	·248
62	·366	·360	·354	·348	·343	·337	·331	·325	·320	·314	·308	·302	·296	·291	·285	·279	·273	·267
63	·386	·380	·374	·368	·362	·357	·351	·345	·339	·333	·328	·322	·316	·310	·304	·299	·293	·287
64	·406	·400	·394	·389	·383	·377	·371	·365	·359	·354	·348	·342	·336	·330	·325	·319	·313	·307
65	·427	·421	·415	·410	·404	·398	·392	·386	·380	·375	·369	·363	·357	·351	·346	·340	·334	·328
66	·449	·443	·437	·431	·425	·420	·414	·408	·402	·396	·390	·385	·379	·373	·367	·361	·356	·350
67	·471	·465	·459	·453	·448	·442	·436	·430	·424	·418	·413	·407	·401	·395	·389	·384	·378	·372
68	·494	·488	·482	·476	·471	·465	·459	·453	·447	·441	·436	·430	·424	·418	·412	·406	·401	·395
69	·518	·512	·506	·500	·494	·488	·483	·477	·471	·465	·459	·453	·448	·442	·436	·430	·424	·418
70	·542	·536	·530	·525	·519	·513	·507	·501	·495	·490	·484	·478	·472	·466	·460	·454	·449	·443
71	·567	·561	·556	·550	·544	·538	·532	·526	·520	·515	·509	·503	·497	·491	·485	·480	·474	·468
72	·593	·587	·582	·576	·570	·564	·558	·552	·546	·541	·535	·529	·523	·517	·511	·505	·500	·494
73	·620	·614	·608	·602	·597	·591	·585	·579	·573	·567	·561	·556	·550	·544	·538	·532	·526	·520
74	·648	·642	·636	·630	·624	·618	·612	·607	·601	·595	·589	·583	·577	·571	·565	·560	·554	·548
75	·676	·670	·664	·658	·652	·647	·641	·635	·629	·623	·617	·611	·606	·600	·594	·588	·582	·576
76	·705	·699	·693	·688	·682	·676	·670	·664	·658	·652	·646	·641	·635	·629	·623	·617	·611	·605
77	·735	·729	·723	·718	·712	·706	·700	·694	·688	·682	·676	·671	·665	·659	·653	·647	·641	·635
78	·766	·760	·754	·749	·743	·737	·731	·725	·719	·713	·707	·702	·696	·690	·684	·678	·672	·666
79	·798	·792	·786	·781	·775	·769	·763	·757	·751	·745	·739	·733	·728	·722	·716	·710	·704	·698
80	·831	·825	·819	·813	·807	·802	·796	·790	·784	·778	·772	·766	·760	·754	·749	·743	·737	·731
81	·865	·859	·853	·847	·841	·835	·829	·824	·818	·812	·806	·800	·794	·788	·782	·776	·770	·765
82	·900	·894	·888	·882	·876	·870	·864	·858	·852	·847	·841	·835	·829	·823	·817	·811	·805	·799

(63)

TABLE VIII,

For finding the Tension of Vapour in the Air, in English inches, from the readings of the dry t and wet bulb t' thermometers, at the mean barometric pressure of 25·8 inches and in the latitude of 22°—*(concluded)*.

Wet bulb t'.	Values of $t-t'$ in Degrees, Fahrenheit.																	
	25·5	26	26·5	27	27·5	28	28·5	29	29·5	30	30·5	31	31·5	32	32·5	33	33·5	34
53	·111	·105	·099	·093	·088	·082	·076	·070	·065	·059	·053	·047	·042	·036	·030	·024	·019	·013
54	·125	·119	·114	·108	·102	·096	·091	·085	·079	·073	·068	·062	·056	·050	·045	·039	·033	·027
55	·140	·135	·129	·123	·117	·112	·106	·100	·094	·089	·083	·077	·071	·066	·060	·054	·048	·043
56	·156	·150	·145	·139	·133	·127	·122	·116	·110	·104	·098	·093	·087	·081	·075	·070	·064	·058
57	·172	·167	·161	·155	·149	·144	·138	·132	·126	·120	·115	·109	·103	·097	·092	·086	·080	·074
58	·189	·183	·177	·172	·166	·160	·154	·149	·143	·137	·131	·126	·120	·114	·108	·102	·097	·091
59	·206	·201	·195	·189	·183	·177	·172	·166	·160	·154	·149	·143	·137	·131	·125	·120	·114	·108
60	·224	·218	·213	·207	·201	·195	·189	·184	·178	·172	·166	·161	·155	·149	·143	·137	·132	·126
61	·243	·237	·231	·225	·219	·214	·208	·202	·196	·190	·185	·179	·173	·167	·161	·156	·150	·144
62	·262	·256	·250	·244	·238	·233	·227	·221	·215	·209	·204	·198	·192	·186	·180	·175	·169	·163
63	·281	·275	·270	·264	·258	·252	·246	·241	·235	·229	·223	·217	·212	·206	·200	·194	·188	·183
64	·301	·296	·290	·284	·278	·272	·267	·261	·255	·249	·243	·238	·232	·226	·220	·214	·208	·203
65	·322	·316	·311	·305	·299	·293	·287	·282	·276	·270	·264	·258	·253	·247	·241	·235	·229	·223
66	·344	·338	·332	·326	·321	·315	·309	·303	·297	·292	·286	·280	·274	·268	·262	·257	·251	·245
67	·366	·360	·354	·349	·343	·337	·331	·325	·319	·314	·308	·302	·296	·290	·285	·279	·273	·267
68	·389	·383	·377	·371	·366	·360	·354	·348	·342	·336	·331	·325	·319	·313	·307	·301	·296	·290
69	·413	·407	·401	·395	·399	·383	·378	·372	·366	·360	·354	·348	·343	·337	·331	·325	·319	313
70	·437	·431	·425	·419	·414	·408	·402	·396	·390	·384	·379	·373	·367	·361	·355	·349	·343	·338
71	·462	·456	·450	·444	·439	·433	·427	·421	·415	·409	·404	·398	·392	·386	380	·374	·368	363
72	·488	·482	·476	·470	·464	·459	·453	·447	·441	·435	·429	·424	·418	·412	·406	·400	·394	388
73	·515	·509	·503	·497	·492	·485	·479	·474	·468	·462	·456	·450	·444	·438	·432	·427	·421	·415
74	·542	·536	·530	·524	·519	·513	·507	·501	·495	·489	·483	·478	·472	·466	·460	·454	·448	·442
75	·570	·564	·559	·553	·547	·541	·535	·529	·523	·517	·512	·506	·500	·494	·488	·482	·476	·471
76	·599	·594	·588	·582	·576	·570	·564	·558	·552	·547	·541	·535	·529	·523	·517	·511	·505	·500
77	·629	·624	·618	·612	·606	·600	·594	·588	·582	·576	·571	·565	·559	·553	·547	·541	·535	·529
78	·660	·655	·649	·643	·637	·631	·625	·619	·613	·607	·601	·596	·590	·584	·578	·572	·566	·560
79	·692	·686	·680	·675	·669	·663	·657	·651	·645	·639	·633	·627	·622	·616	·610	·604	·598	·592
80	·725	·719	·713	·707	·701	·695	·690	·684	·678	·672	·666	·660	·654	·648	·642	·636	·631	·625
81	·759	·753	·747	·741	·735	·729	·723	·717	·711	·706	·700	·694	·688	·682	·676	·670	·664	·658
82	·793	·787	·782	·776	·770	·764	·758	·752	·746	·740	·734	·728	·722	·717	·711	·705	·699	·693

(64)

TABLE IX,

For finding the Relative Humidity of the Air from the readings of the dry t and wet bulb t' thermometers, at the mean barometric pressure of 25·8 inches.

Wet bulb t'	Values of $t-t'$ in degrees, Fahrenheit.														
	0	0·5	1	1·5	2	2·5	3	3·5	4	4·5	5	5·5	6	6·5	7
23	100	94	88	82	76	71	66	61	56	52	47	43	39	35	31
24	100	94	88	83	77	72	67	62	57	53	48	44	40	36	33
25	100	94	88	83	78	73	68	63	58	54	50	46	42	38	35
26	100	94	89	83	78	73	68	64	59	55	51	47	44	40	36
27	100	94	89	84	79	74	69	65	60	56	52	49	45	42	38
28	100	94	89	84	79	75	70	66	62	58	54	50	46	43	40
29	100	94	89	84	80	75	71	67	63	59	55	51	48	44	41
30	100	94	89	85	80	76	72	68	64	60	56	52	49	46	43
31	100	95	90	85	81	76	72	68	65	61	57	54	51	47	44
32	100	95	90	85	81	77	73	69	64	60	56	53	50	46	43
33	100	95	90	86	81	77	73	69	65	61	57	54	51	48	44
34	100	95	90	86	82	78	74	70	66	62	58	55	52	49	46
35	100	95	91	86	82	78	74	70	67	63	59	56	53	50	47
36	100	95	91	87	83	79	75	71	67	64	60	57	54	51	48
37	100	95	91	87	83	79	75	72	68	65	61	58	55	52	49
38	100	95	91	87	83	79	76	72	69	65	62	59	56	53	50
39	100	95	91	87	84	80	76	73	69	66	63	60	57	54	51
40	100	96	92	88	84	80	77	73	70	67	64	61	58	55	52
41	100	96	92	88	85	81	77	74	71	68	65	62	59	56	53
42	100	96	92	88	85	81	78	74	71	68	65	62	60	57	54
43	100	96	92	88	85	81	78	75	72	69	66	63	60	57	55
44	100	96	92	89	85	82	79	75	72	69	66	64	61	58	55
45	100	96	92	89	86	82	79	76	73	70	67	64	62	59	56
46	100	96	92	89	86	83	80	76	73	71	68	65	62	60	57
47	100	96	93	89	86	83	80	77	74	71	68	66	63	61	58
48	100	96	93	90	86	83	80	77	75	71	69	66	64	61	59
49	100	96	93	90	87	84	81	78	75	72	69	67	65	62	60
50	100	96	93	90	87	84	81	78	75	72	70	67	65	63	61
51	100	97	93	90	87	84	81	78	76	73	70	68	66	64	61
52	100	97	93	90	87	85	82	79	76	73	71	69	66	64	62

(65)

TABLE IX,

For finding the Relative Humidity of the Air from the readings of the dry t and wet bulb t' thermometers, at the mean barometric pressure of 25·8 inches—(*continued*).

Wet bulb t'	\multicolumn{15}{c}{VALUES OF $t-t'$ IN DEGREES, FAHRENHEIT.}														
	7·5	8	8·5	9	9·5	10	10·5	11	11·5	12	12·5	13	13·5	14	14·5	15	15·5	16
23	27	24	20	17	14	11	8	5	2									
24	29	26	22	19	16	13	10	8	5	3								
25	31	28	24	21	18	16	13	10	8	5	3	1						
26	33	29	26	23	20	18	15	13	10	8	5	3	1					
27	35	31	28	25	22	20	17	15	12	10	8	5	3	1				
28	36	33	30	27	24	22	19	17	14	12	10	8	6	4	2			
29	38	35	32	29	26	24	21	19	16	14	12	10	8	6	4	2		
30	40	37	34	31	28	26	23	21	18	16	14	12	10	8	6	4	2	1
31	41	38	35	33	30	28	25	23	20	18	16	14	12	10	8	6	4	3
32	40	37	34	31	29	26	23	21	18	16	14	12	10	8	6	4	2	
33	41	39	36	33	30	27	25	22	20	18	16	14	12	10	8	6	4	2
34	43	40	37	34	31	29	26	24	22	20	18	16	14	11	10	8	6	4
35	44	41	38	35	33	30	28	25	23	21	19	17	15	13	11	10	8	6
36	45	42	39	37	34	32	30	27	25	23	21	19	17	15	13	11	10	8
37	46	43	41	38	36	33	31	29	27	24	22	20	19	17	15	13	11	10
38	47	45	42	39	37	35	32	30	28	26	24	22	20	18	17	15	13	11
39	48	46	43	41	38	36	34	32	29	27	26	24	22	20	18	17	15	12
40	49	47	44	42	40	37	35	33	31	29	27	25	23	21	20	18	16	13
41	50	48	45	43	41	39	36	34	32	30	28	26	25	23	21	19	18	14
42	51	49	46	44	42	40	38	36	34	31	30	28	26	24	23	21	19	15
43	52	50	47	45	43	41	39	37	35	33	31	29	27	25	24	22	21	19
44	53	51	48	46	44	42	40	38	36	34	32	30	28	27	25	24	22	21
45	54	52	49	47	45	43	41	39	37	35	33	31	30	28	27	25	24	22
46	55	53	50	48	46	44	42	40	38	36	34	33	31	29	28	26	25	23
47	56	53	51	49	47	45	43	41	39	37	35	34	32	30	29	27	26	24
48	57	54	52	50	48	46	44	42	40	38	36	35	33	32	30	29	27	26
49	58	55	53	51	49	47	45	43	41	39	37	36	34	33	31	30	28	27
50	59	56	54	52	50	48	46	44	42	40	38	37	35	34	32	31	29	28
51	59	57	55	53	51	49	47	45	43	41	39	38	36	35	33	32	30	29
52	60	57	55	53	51	49	48	46	44	42	40	39	37	36	34	33	31	30

(66)

TABLE IX,

For finding the Relative Humidity of the Air from the readings of the dry t and wet bulb t' thermometers, at the mean barometric pressure of 25·8 inches—*(continued)*.

Wet bulb t'	\multicolumn{15}{c}{Values of $t-t'$ in degrees, Fahrenheit.}
	16·5	17	17·5	18	18·5	19	19·5	20	20·5	21	21·5	22	22·5	23	23·5	24	24·5	25
23																		
24																		
25																		
26																		
27																		
28																		
29																		
30																		
31	1																	
32																		
33	1																	
34	2	1																
35	4	3	1															
36	6	5	3	2	1													
37	8	7	5	4	3	1												
38	10	9	7	6	4	3	2	1										
39	12	10	9	7	6	5	4	2	1									
40	13	12	11	9	8	7	5	4	3	2	1							
41	15	13	12	11	9	8	7	6	5	3	2	1						
42	16	15	13	12	11	9	8	7	6	5	4	3	2	1				
43	18	16	15	14	12	11	10	9	8	7	6	5	4	3	2	1		
44	19	18	16	15	14	13	11	10	9	8	7	6	5	4	3	2	1	1
45	21	19	18	16	15	14	13	12	10	9	8	7	7	6	5	4	3	2
46	22	20	19	18	16	15	14	13	12	11	10	9	8	7	6	5	4	3
47	23	21	20	19	18	17	15	14	13	12	11	10	9	8	7	6	6	5
48	24	23	21	20	19	18	17	16	15	14	12	11	10	9	8	8	7	6
49	25	24	23	21	20	19	18	17	16	15	14	13	12	11	10	9	8	7
50	26	25	24	23	21	20	19	18	17	16	15	14	13	12	11	10	9	8
51	28	26	25	24	22	21	20	19	18	17	16	15	14	13	12	11	10	9
52	29	27	26	25	23	22	21	20	19	18	17	16	15	14	13	13	12	11

(67)

TABLE IX,

For finding the Relative Humidity of the Air from the readings of the dry t and wet bulb t' thermometers, at the mean barometric pressure of 25·8 inches—*(continued)*.

Wet bulb t'	VALUES OF $t-t'$ IN DEGREES, FAHRENHEIT.																	
	25·5	26	26·5	27	27·5	28	28·5	29	29·5	30	30·5	31	31·5	32	32·5	33	33·5	34
23																		
24																		
25																		
26																		
27																		
28																		
29																		
30																		
31																		
32																		
33																		
34																		
35																		
36																		
37																		
38																		
39																		
40																		
41																		
42																		
43																		
44																		
45	1	1																
46	3	2	1	1														
47	4	3	2	2	1	1												
48	5	5	4	3	2	2	1	1										
49	7	6	5	4	4	3	2	2	1	1								
50	8	7	6	6	5	4	4	3	2	2	1	1						
51	9	8	7	7	6	5	5	4	4	3	2	2	1	1				
52	10	9	9	8	7	7	6	5	5	4	4	3	2	2	1	1		

(68)

TABLE IX,

For finding the Relative Humidity of the Air from the readings of the dry and wet bulb t' thermometers, at the mean barometric pressure of 25·8 inches—*(continued)*.

Wet bulb t.'	Values of t—t' in degrees, Fahrenheit.														
	0	0·5	1	1·5	2	2·5	3	3·5	4	4·5	5	5·5	6	6·5	7
53	100	97	94	91	88	85	82	79	77	74	71	69	67	65	62
54	100	97	94	91	88	85	82	79	77	74	72	69	67	65	63
55	100	97	94	91	88	85	83	80	77	75	72	70	68	66	63
56	100	97	94	91	88	86	83	80	78	75	73	71	68	66	64
57	100	97	94	91	88	86	83	80	78	76	73	71	69	67	65
58	100	97	94	91	89	86	83	81	78	76	74	72	69	67	65
59	100	97	94	92	89	86	84	81	79	77	74	72	70	68	66
60	100	97	94	92	89	87	64	81	79	77	75	73	70	68	66
61	100	97	94	92	89	87	84	82	79	77	75	73	71	69	67
62	100	97	94	92	89	87	64	82	80	78	76	73	71	69	67
63	100	97	94	92	89	87	85	82	80	78	76	74	72	70	68
64	100	97	94	92	90	87	85	83	80	78	76	74	72	70	68
65	100	97	95	92	90	87	85	83	81	79	77	74	72	70	68
66	100	97	95	92	90	88	85	83	81	79	77	75	73	71	69
67	100	97	95	93	90	88	86	83	61	79	77	75	73	71	69
68	100	97	95	93	90	88	86	84	81	79	77	75	73	72	70
69	100	97	95	93	90	88	86	84	82	80	78	76	74	72	70
70	100	97	95	93	90	88	86	84	82	80	78	76	74	72	70
71	100	96	95	93	91	88	86	84	82	80	78	76	74	73	71
72	100	96	95	93	91	89	86	84	82	80	78	76	75	73	71
73	100	96	95	93	91	89	87	84	82	81	79	77	75	73	71
74	100	88	95	93	91	89	87	85	83	81	79	77	75	73	72
75	100	96	95	93	91	89	87	85	83	81	79	77	75	74	72
76	100	96	95	93	91	89	87	85	83	81	79	77	76	74	72
77	100	98	96	93	91	89	87	85	83	81	80	78	76	74	72
78	100	96	96	93	91	89	87	85	83	82	80	78	76	74	73
79	100	96	96	94	91	89	87	85	84	82	80	78	76	74	73
80	100	96	96	64	92	90	88	86	84	82	80	78	77	75	73
81	100	96	96	94	92	90	88	86	84	82	80	78	77	75	73
82	100	96	96	94	92	90	88	66	84	82	80	78	77	75	74

(69)

TABLE IX,

For finding the Relative Humidity of the Air from the readings of the dry t and wet bulb t' thermometers, at the mean barometric pressure of 25·8 inches—*(continued)*.

Wet bulb $t.'$	VALUES OF $t-t'$ IN DEGREES, FAHRENHEIT.																	
	7·5	8	8·5	9	9·5	10	10·5	11	11·5	12	12·5	13	13·5	14	14·5	15	15·5	16
53	60	58	56	54	52	50	48	47	45	43	41	40	38	37	35	34	32	31
54	61	59	57	55	53	51	49	47	46	44	42	41	39	38	36	35	33	32
55	61	59	57	55	53	52	50	48	46	45	43	41	40	39	37	36	34	33
56	62	60	58	56	54	52	51	49	47	45	44	42	40	39	38	37	35	34
57	62	60	58	56	55	53	51	49	48	46	44	43	41	40	39	37	36	35
58	63	61	59	57	55	54	52	50	48	47	45	43	42	41	39	38	37	36
59	64	62	60	58	56	54	52	51	49	48	46	45	43	42	40	39	37	36
60	64	62	60	58	57	55	53	51	50	48	47	45	44	42	41	40	38	37
61	65	63	61	59	57	56	54	52	51	49	47	46	44	43	42	40	39	38
62	65	63	61	59	58	56	55	53	51	50	48	47	45	44	42	41	40	39
63	66	64	62	60	58	57	55	54	52	50	49	48	46	45	43	42	41	39
64	66	64	62	60	59	57	56	54	53	51	50	48	47	45	44	43	41	40
65	67	65	63	61	59	58	56	55	53	52	50	49	47	46	45	43	42	41
66	67	65	63	61	60	58	57	55	54	52	51	49	48	47	45	44	43	42
67	68	66	64	62	60	59	57	56	54	53	51	50	49	47	46	45	44	42
68	68	66	64	62	61	59	58	56	55	53	52	51	49	48	46	45	44	43
69	68	66	65	63	61	60	58	57	55	54	52	51	50	48	47	46	45	43
70	69	67	65	63	62	60	59	57	56	54	53	52	50	49	48	46	45	44
71	69	67	65	64	62	61	59	58	56	55	53	52	51	50	48	47	46	45
72	69	68	66	64	63	61	60	58	57	55	54	53	51	50	49	47	46	45
73	70	68	66	65	63	62	60	59	57	56	54	53	52	51	49	48	47	46
74	70	69	67	65	63	62	61	59	58	56	55	54	52	51	50	48	47	46
75	70	69	67	65	64	62	61	60	58	57	55	54	53	51	50	49	48	47
76	70	69	67	66	64	63	61	60	59	57	56	55	53	52	50	49	48	47
77	71	69	68	66	65	63	62	60	59	58	56	55	54	52	51	50	49	48
78	71	70	68	66	65	64	62	61	59	58	57	55	54	53	51	50	49	48
79	71	70	68	67	65	64	63	61	60	58	57	56	55	53	52	51	50	49
80	71	70	69	67	66	64	63	62	60	59	57	56	55	54	52	51	50	49
81	72	70	69	67	66	65	63	62	61	59	58	56	55	54	53	52	51	50
82	72	71	69	68	66	65	64	62	61	60	58	57	56	55	53	52	51	50

(70)

TABLE IX,

For finding the Relative Humidity of the Air from the readings of the dry *t* and wet bulb *t'* thermometers, at the mean barometric pressure of 25·8 inches—(*continued*).

Wet bulb *t.'*	Values of *t—t'* in degrees, Fahrenheit.															
	16·5	17	17·5	18	18·5	19	19·5	20	20·5	21	21·5	22	22·5	23	23·5	24	24·5	25
53	30	28	27	26	24	23	22	21	20	19	18	17	16	15	15	14	13	12
54	31	29	28	27	25	24	23	22	21	20	19	18	17	16	16	15	14	13
55	32	30	29	28	26	25	24	23	22	21	20	19	18	17	17	16	15	14
56	33	31	30	29	27	26	25	24	23	22	21	20	19	18	18	17	16	15
57	33	32	31	30	28	27	26	25	24	23	22	21	20	19	19	18	17	16
58	34	33	32	31	29	28	27	26	25	24	23	22	21	20	20	19	18	17
59	35	34	33	32	30	29	28	27	26	25	24	23	22	21	21	20	19	18
60	36	35	33	32	31	30	29	28	27	26	25	24	23	22	21	21	20	19
61	37	36	34	33	32	31	30	29	28	27	26	25	24	23	22	22	21	20
62	37	36	35	34	33	32	31	30	29	28	27	26	25	24	23	22	22	21
63	38	37	36	35	34	33	32	31	30	29	28	27	26	25	24	23	22	22
64	39	38	37	36	35	34	32	31	30	29	28	27	26	25	25	24	23	22
65	40	38	37	36	35	34	33	32	31	30	29	28	27	26	25	25	24	23
66	40	39	38	37	36	35	34	33	32	31	30	29	28	27	26	26	25	24
67	41	40	39	38	36	35	34	33	33	32	31	30	29	28	27	26	26	25
68	42	41	39	38	37	36	35	34	33	32	31	30	30	29	28	27	26	26
69	42	41	40	39	38	37	36	35	34	33	32	31	30	29	28	28	27	26
70	43	42	41	40	38	37	36	35	34	33	33	32	31	30	29	28	28	27
71	43	43	41	40	39	38	37	36	35	34	33	32	32	31	30	29	28	28
72	44	43	42	41	40	39	38	37	36	35	34	33	32	31	31	30	29	28
73	45	43	43	41	40	39	38	37	36	35	35	34	33	32	31	30	29	29
74	45	44	43	42	41	40	39	38	37	36	35	34	33	32	32	31	30	29
75	46	45	44	42	41	40	39	38	38	37	36	35	34	33	32	32	31	30
76	46	45	44	43	42	41	40	39	38	37	36	35	35	34	33	32	31	31
77	47	46	45	44	43	42	41	40	39	38	37	36	35	34	34	33	32	31
78	47	46	45	44	43	42	41	40	39	38	37	37	36	35	34	33	32	32
79	48	47	46	45	44	43	42	41	40	39	38	37	36	35	35	34	33	32
80	48	47	46	45	44	43	42	41	41	40	39	38	37	36	35	34	33	33
81	49	48	47	46	45	44	43	42	41	40	39	38	37	36	36	35	34	33
82	49	48	47	46	45	44	43	42	42	41	40	39	38	37	36	35	34	34

(71)

TABLE IX,

For finding the Relative Humidity of the Air from the readings of the dry t and wet bulb t' thermometers, at the mean barometric pressure of 25·8 inches—(concluded).

Wet bulb t'.	Values of $t-t'$ in degrees, Fahrenheit.																	
	25·5	26	26·5	27	27·5	28	28·5	29	29·5	30	30·5	31	31·5	32	32·5	33	33·5	34
53	12	11	10	9	8	8	7	6	6	5	5	4	4	3	3	2	2	1
54	13	12	11	10	10	9	8	8	7	6	6	5	5	4	4	3	3	2
55	14	13	12	11	11	10	9	9	8	7	7	6	6	5	5	4	4	3
56	15	14	13	12	12	11	10	10	9	8	8	7	7	6	6	5	5	4
57	16	15	14	13	13	12	11	11	10	9	9	8	8	7	7	6	6	5
58	17	16	15	14	14	13	12	12	11	10	10	9	9	8	8	7	7	6
59	17	17	16	15	14	14	13	12	12	11	11	10	10	9	9	8	8	7
60	18	18	17	16	15	15	14	13	13	12	12	11	11	10	10	9	8	8
61	19	18	18	17	16	16	15	14	14	13	13	12	11	11	10	10	9	9
62	20	19	18	18	17	16	16	15	15	14	13	13	12	12	11	11	10	10
63	21	20	19	19	18	17	17	16	16	15	14	14	13	12	12	11	11	10
64	21	21	20	20	19	18	18	17	16	16	15	15	14	13	13	12	12	11
65	22	22	21	20	20	19	18	18	17	16	16	15	15	14	14	13	12	12
66	23	22	22	21	20	20	19	18	18	17	16	16	15	15	14	14	13	13
67	24	23	22	22	21	20	20	19	19	18	17	17	16	16	15	14	14	13
68	25	24	23	22	22	21	20	20	19	19	18	17	17	16	16	15	14	14
69	25	25	24	23	23	22	21	20	20	19	19	18	18	17	16	16	15	15
70	26	25	25	24	23	23	22	21	21	20	19	19	18	18	17	17	16	16
71	26	26	25	25	24	23	23	22	21	21	20	19	19	18	18	17	17	16
72	27	27	26	25	24	24	23	23	22	21	21	20	19	19	18	18	17	17
73	28	27	27	26	25	24	24	23	23	22	21	21	20	20	19	19	18	18
74	28	28	27	26	26	25	24	24	23	23	22	21	21	20	20	19	19	18
75	29	28	28	27	26	26	25	24	24	23	23	22	21	21	20	20	19	19
76	30	29	28	28	27	26	26	25	24	24	23	23	22	21	21	20	20	19
77	30	30	29	28	28	27	26	26	25	24	24	23	23	22	21	21	20	20
78	31	30	29	29	28	27	27	26	26	25	24	24	23	23	22	21	21	20
79	31	31	30	29	29	28	27	27	26	25	25	24	24	23	23	22	22	21
80	32	32	31	30	29	29	28	27	27	26	25	25	24	24	23	23	22	22
81	33	32	31	30	30	29	28	28	27	27	26	25	25	24	24	23	23	22
82	33	33	32	31	30	30	29	28	28	27	26	26	25	25	24	24	23	23

(72)

TABLE X,

For finding the Tension of Vapour in the Air, in English inches, from the readings of the dry t and wet bulb t' thermometers, at the mean barometric pressure of 23·4 inches and in the latitude of 22°.

Wet bulb t'.	Values of $t-t'$ in degrees, Fahrenheit.																		
	0	0·5	1	1·5	2	2·5	3	3·5	4	4·5	5	5·5	6	6·5	7	7·5	8	8·5	9
15	·086	·082	·077	·073	·068	·063	·059	·054	·050	·045	·041	·036	·031	·027	·022	·018	·013	·008	·004
16	·090	·086	·081	·076	·072	·067	·063	·058	·053	·049	·044	·040	·035	·031	·026	·021	·017	·012	·008
17	·094	·090	·085	·080	·076	·071	·067	·062	·058	·053	·049	·044	·039	·035	·030	·025	·021	·016	·012
18	·098	·094	·089	·085	·080	·076	·071	·066	·062	·057	·053	·048	·043	·039	·034	·030	·025	·020	·016
19	·103	·098	·094	·089	·085	·080	·075	·071	·066	·062	·057	·052	·048	·043	·039	·034	·029	·025	·020
20	·108	·103	·098	·094	·089	·085	·080	·075	·071	·066	·062	·057	·052	·048	·043	·039	·034	·029	·025
21	·112	·108	·103	·099	·094	·089	·085	·080	·076	·071	·066	·062	·057	·053	·048	·043	·039	·034	·030
22	·117	·113	·109	·104	·099	·094	·090	·085	·081	·076	·071	·067	·062	·058	·053	·048	·044	·039	·034
23	·123	·118	·113	·109	·104	·100	·095	·090	·086	·081	·077	·072	·067	·063	·058	·053	·049	·044	·040
24	·128	·124	·119	·114	·110	·105	·100	·096	·091	·087	·082	·077	·073	·068	·064	·059	·054	·050	·045
25	·134	·129	·125	·120	·115	·111	·106	·102	·097	·092	·088	·083	·078	·074	·069	·065	·060	·055	·051
26	·140	·135	·131	·126	·121	·117	·112	·108	·103	·098	·094	·089	·084	·080	·075	·070	·066	·061	·057
27	·146	·141	·137	·132	·128	·123	·118	·114	·109	·104	·100	·095	·091	·086	·081	·077	·072	·067	·063
28	·153	·148	·143	·139	·134	·129	·125	·120	·116	·111	·106	·102	·097	·092	·088	·083	·078	·074	·069
29	·159	·155	·150	·145	·141	·136	·132	·127	·122	·118	·113	·108	·104	·099	·094	·090	·085	·081	·076
30	·166	·162	·157	·153	·148	·143	·139	·134	·129	·125	·120	·115	·111	·106	·102	·097	·092	·089	·083
31	·174	·169	·165	·160	·155	·151	·146	·141	·137	·132	·127	·123	·118	·113	·109	·104	·099	·095	·090
32	·182	·176	·171	·166	·161	·156	·151	·146	·141	·135	·130	·125	·120	·115	·110	·105	·100	·095	·069
33	·189	·184	·179	·173	·168	·163	·158	·153	·148	·143	·138	·133	·127	·122	·117	·112	·107	·102	·097
34	·197	·191	·186	·181	·176	·171	·166	·161	·155	·150	·145	·140	·135	·130	·125	·120	·114	·109	·104
35	·204	·199	·194	·189	·184	·179	·174	·168	·163	·158	·153	·148	·143	·138	·133	·127	·122	·117	·112
36	·213	·207	·202	·197	·192	·187	·182	·177	·171	·166	·161	·156	·151	·146	·141	·136	·130	·125	·120
37	·221	·216	·211	·206	·200	·195	·190	·185	·180	·175	·170	·165	·159	·154	·149	·144	·139	·134	·129
38	·230	·225	·219	·214	·209	·204	·199	·194	·189	·183	·178	·173	·168	·163	·158	·153	·147	·142	·137
39	·239	·234	·228	·223	·218	·213	·208	·203	·198	·192	·187	·182	·177	·172	·167	·162	·156	·151	·146
40	·248	·243	·238	·233	·228	·222	·217	·212	·207	·202	·197	·192	·186	·181	·176	·171	·166	·161	·155
41	·258	·253	·248	·242	·237	·232	·227	·222	·217	·211	·206	·201	·196	·191	·186	·180	·175	·170	·165
42	·268	·263	·258	·252	·247	·242	·237	·232	·227	·222	·216	·211	·206	·201	·196	·191	·185	·180	·175
43	·278	·273	·268	·263	·258	·252	·247	·242	·237	·232	·227	·221	·216	·211	·206	·201	·196	·190	·185
44	·289	·284	·279	·274	·268	·263	·258	·253	·248	·242	·237	·232	·227	·222	·217	·211	·206	·201	·196

(73)

TABLE X,

For finding the Tension of Vapour in the Air, in English inches, from the readings of the dry t and wet bulb t' thermometers, at the mean barometric pressure of 23·4 inches and in the latitude of 22°—(continued).

Wet bulb t'	VALUES OF $t-t'$ IN DEGREES, FAHRENHEIT.																	
	9·5	10	10·5	11	11·5	12	12·5	13	13·5	14	14·5	15	15·5	16	16·5	17	17·5	18
15																		
16	·003																	
17	·007	·002																
18	·011	·007	·002															
19	·016	·011	·006	·002														
20	·020	·016	·011	·006	·002													
21	·025	·020	·016	·011	·006	·002												
22	·030	·025	·021	·016	·011	·006	·002											
23	·035	·030	·026	·021	·017	·012	·007	·003										
24	·040	·036	·031	·027	·022	·017	·013	·008	·003									
25	·046	·041	·037	·032	·028	·023	·018	·014	·009	·004								
26	·052	·047	·043	·038	·034	·029	·024	·020	·015	·010	·006							
27	·058	·054	·049	·044	·040	·035	·030	·026	·021	·017	·012	·007						
28	·065	·060	·055	·051	·046	·041	·037	·032	·028	·023	·018	·014	·009	·004				
29	·071	·067	·062	·057	·053	·048	·043	·039	·034	·030	·025	·020	·016	·011	·006			
30	·078	·074	·069	·064	·060	·055	·050	·046	·041	·037	·032	·027	·023	·018	·013	·009	·004	
31	·086	·081	·076	·072	·067	·062	·058	·053	·048	·044	·039	·034	·030	·025	·021	·016	·011	·007
32	·094	·079	·074	·069	·064	·059	·054	·049	·043	·038	·033	·028	·023	·018	·013	·008	·003	
33	·092	·086	·081	·076	·071	·066	·061	·056	·051	·046	·040	·035	·030	·025	·020	·015	·010	·005
34	·099	·094	·089	·084	·079	·073	·068	·063	·058	·053	·048	·043	·038	·033	·027	·022	·017	·012
35	·107	·102	·097	·092	·086	·081	·076	·071	·066	·061	·056	·051	·045	·040	·035	·030	·025	·020
36	·115	·110	·105	·100	·094	·089	·084	·079	·074	·069	·064	·059	·053	·048	·043	·038	·033	·028
37	·123	·118	·113	·108	·103	·098	·093	·087	·082	·077	·072	·067	·062	·057	·051	·046	·041	·036
38	·132	·127	·122	·117	·111	·106	·101	·096	·091	·086	·081	·075	·070	·065	·060	·055	·050	·045
39	·141	·136	·131	·126	·120	·115	·110	·105	·100	·095	·090	·084	·079	·074	·069	·064	·059	·053
40	·150	·145	·140	·135	·130	·125	·119	·114	·109	·104	·099	·094	·089	·083	·078	·073	·068	·063
41	·160	·155	·150	·144	·139	·134	·129	·124	·119	·113	·108	·103	·098	·093	·088	·083	·077	·072
42	·170	·165	·160	·154	·149	·144	·139	·134	·129	·123	·118	·113	·108	·103	·098	·092	·087	·082
43	·180	·175	·170	·165	·159	·154	·149	·144	·139	·134	·128	·123	·118	·113	·108	·103	·097	·092
44	·191	·186	·180	·175	·170	·165	·160	·155	·149	·144	·139	·134	·129	·124	·118	·113	·108	·103

K

(74)

TABLE X,

For finding the Tension of Vapour in the Air, in English inches, from the readings of the dry t and wet bulb t' thermometers, at the mean barometric pressure of 23·4 inches and in the latitude of 22°—(*continued*).

Wet bulb t'.	Values of $t-t'$ in Degrees, Fahrenheit.																		
	0	0·5	1	1·5	2	2·5	3	3·5	4	4·5	5	5·5	6	6·5	7	7·5	8	8·5	9
45	·300	·295	·290	·285	·280	·274	·269	·264	·259	·254	·249	·243	·238	·233	·228	·223	·218	·212	·207
46	·312	·307	·301	·296	·291	·286	·281	·275	·270	·265	·260	·255	·250	·244	·239	·234	·229	·224	·218
47	·324	·318	·313	·308	·303	·298	·292	·287	·282	·277	·272	·266	·261	·256	·251	·246	·241	·235	·230
48	·336	·331	·325	·320	·315	·310	·305	·300	·294	·289	·284	·279	·274	·268	·263	·258	·253	·248	·242
49	·349	·343	·338	·333	·328	·323	·317	·312	·307	·302	·297	·291	·286	·281	·276	·271	·265	·260	·255
50	·362	·357	·351	·346	·341	·336	·331	·325	·320	·315	·310	·305	·299	·294	·289	·284	·279	·273	·268
51	·375	·370	·365	·360	·354	·349	·344	·339	·334	·328	·323	·318	·313	·308	·302	·297	·292	·287	·282
52	·389	·384	·379	·374	·368	·363	·358	·353	·348	·342	·337	·332	·327	·322	·316	·311	·306	·301	·296
53	·404	·399	·393	·388	·383	·378	·372	·367	·362	·357	·352	·346	·341	·336	·331	·326	·320	·315	·310
54	·419	·413	·408	·403	·398	·393	·387	·382	·377	·372	·367	·361	·356	·351	·346	·340	·335	·330	·325
55	·434	·429	·424	·418	·413	·408	·403	·398	·392	·387	·382	·377	·371	·366	·361	·356	·351	·345	·340
56	·450	·445	·440	·434	·429	·424	·419	·413	·408	·403	·398	·393	·387	·382	·377	·372	·366	·361	·356
57	·467	·461	·456	·451	·446	·440	·435	·430	·425	·420	·414	·409	·404	·399	·393	·388	·383	·378	·372
58	·484	·478	·473	·468	·463	·457	·452	·447	·442	·436	·431	·426	·421	·415	·410	·405	·400	·395	·389
59	·501	·496	·491	·485	·480	·475	·470	·464	·459	·454	·449	·443	·438	·433	·428	·422	·417	·412	·407
60	·519	·514	·509	·504	·498	·493	·488	·483	·477	·472	·467	·462	·456	·451	·446	·441	·435	·430	·425
61	·538	·533	·527	·522	·517	·512	·506	·501	·496	·491	·485	·480	·475	·470	·464	·459	·454	·449	·443
62	·557	·552	·547	·541	·536	·531	·526	·520	·515	·510	·505	·499	·494	·489	·484	·478	·473	·468	·463
63	·577	·572	·567	·561	·556	·551	·546	·540	·535	·530	·525	·519	·514	·509	·503	·498	·493	·488	·482
64	·598	·592	·587	·582	·577	·571	·566	·561	·555	·550	·545	·540	·534	·529	·524	·519	·513	·508	·503
65	·619	·613	·608	·603	·598	·592	·587	·582	·577	·571	·566	·561	·555	·550	·545	·540	·534	·529	·524
66	·641	·635	·630	·625	·619	·614	·609	·604	·598	·593	·587	·582	577	·571	·566	·561	·555	·550	·545
67	·663	·658	·653	·647	·642	·637	·631	·626	·621	·616	·610	·605	·600	594	·589	·584	·579	·573	·568
68	·686	·681	·676	·670	·665	·660	·655	·649	·644	·639	·633	·628	·623	·618	·612	·607	·602	·596	·591
69	·710	·705	·700	·694	·689	·684	·678	·673	·668	·662	·657	·652	·647	·641	·636	·631	·625	·620	·615
70	·735	·730	·724	·719	·714	·708	·703	·698	·692	·687	·682	·677	·671	·666	·661	·655	·650	·645	·639
71	·760	·755	·750	·744	·739	·734	·728	·723	·718	·712	·707	·702	·697	·691	·686	·681	·675	·670	·665
72	·786	·781	·776	·770	·765	·760	·755	·749	·744	·739	·733	·728	·723	·717	·712	·706	·701	·696	·691
73	·813	·808	·803	·797	·792	·787	·781	·776	·771	·765	·760	·755	·749	·744	·739	·733	·728	·723	·718
74	·841	·836	·830	·825	·820	·814	·809	·804	·798	·793	·788	·783	·777	·772	·767	·761	·756	·750	·745
75	·870	·864	·859	·854	·848	·843	·838	·832	·827	·822	·816	·811	·806	·800	·795	·790	·784	·779	774

(75)

TABLE X,

For finding the Tension of Vapour in the Air, in English inches, from the readings of the dry t and wet bulb t' thermometers, at the mean barometric pressure of 23.4 inches and in the latitude of 22°—(concluded).

Wet bulb t'.	Values of $t-t'$ in Degrees, Fahrenheit.																		
	9.5	10	10.5	11	11.5	12	12.5	13	13.5	14	14.5	15	15.5	16	16.5	17	17.5	18
45	.202	.197	.192	.186	.181	.176	.171	.166	.161	.155	.150	.145	.140	.135	.130	.124	.119	.114
46	.213	.208	.203	.198	.193	.187	.182	.177	.172	.167	.161	.156	.151	.146	.141	.136	.130	.125
47	.225	.220	.215	.209	.204	.199	.194	.189	.184	.178	.173	.168	.163	.158	.152	.147	.142	.137
48	.237	.232	.227	.222	.216	.211	.206	.201	.196	.191	.185	.180	.175	.170	.165	.159	.154	.149
49	.250	.245	.240	.234	.229	.224	.219	.214	.208	.203	.198	.193	.188	.182	.177	.172	.167	.162
50	.263	.258	.253	.247	.242	.237	.232	.227	.221	.216	.211	.206	.201	.195	.190	.185	.180	.175
51	.276	.271	.266	.261	.256	.250	.245	.240	.235	.230	.224	.219	.214	.209	.204	.198	.193	.188
52	.290	.285	.280	.275	.269	.264	.259	.254	.249	.243	.238	.233	.228	.223	.217	.212	.207	.202
53	.305	.299	.294	.289	.284	.279	.273	.268	.263	.258	.253	.247	.242	.237	.232	.226	.221	.216
54	.320	.314	.309	.304	.299	.293	.288	.283	.278	.273	.267	.262	.257	.252	.246	.241	.236	.231
55	.335	.333	.324	.319	.314	.309	.304	.298	.293	.288	.283	.277	.272	.267	.262	.257	.251	.246
56	.351	.346	.340	.335	.330	.325	.319	.314	.309	.304	.298	.293	.288	.283	.278	.272	.267	.262
57	.367	.362	.357	.351	.346	.341	.336	.331	.325	.320	.315	.310	.304	.299	.294	.289	.283	.278
58	.384	.379	.374	.368	.363	.358	.353	.347	.342	.337	.332	.326	.321	.316	.311	.305	.300	.295
59	.402	.396	.391	.386	.381	.375	.370	.365	.360	.354	.349	.344	.339	.333	.328	.323	.318	.312
60	.420	.414	.409	.404	.399	.393	.388	.383	.378	.372	.367	.362	.357	.351	.346	.341	.339	.330
61	.438	.433	.428	.422	.417	.412	.407	.401	.396	.391	.386	.380	.375	.370	.365	.359	.354	.349
62	.457	.452	.447	.442	.436	.431	.426	.420	.415	.410	.405	.400	.394	.389	.384	.378	.373	.368
63	.477	.472	.467	.461	.456	.451	.446	.440	.435	.430	.425	.419	.414	.409	.403	.398	.393	.388
64	.498	.492	.487	.482	.476	.471	.466	.461	.455	.450	.445	.440	.434	.429	.424	.418	.413	.408
65	.519	.513	.508	.503	.497	.492	.487	.482	.476	.471	.466	.461	.455	.450	.445	.439	.434	.429
66	.539	.534	.529	.524	.518	.513	.508	.502	.497	.492	.486	.481	.476	.470	.465	.460	.454	.449
67	.563	.557	.552	.547	.542	.536	.531	.526	.520	.515	.510	.505	.499	.494	.489	.483	.478	.472
68	.586	.581	.575	.570	.565	.559	.554	.549	.543	.538	.533	.528	.522	.517	.512	.506	.501	.496
69	.610	.604	.599	.594	.588	.583	.578	.573	.567	.562	.557	.551	.546	.541	.535	.530	.525	.520
70	.634	.629	.624	.618	.613	.608	.602	.597	.592	.586	.581	.576	.571	.566	.560	.555	.549	.544
71	.659	.654	.649	.644	.638	.633	.628	.622	.617	.612	.606	.601	.596	.590	.585	.580	.575	.569
72	.685	.680	.675	.670	.664	.659	.654	.648	.643	.638	.632	.627	.622	.616	.611	.606	.601	.595
73	.712	.707	.702	.696	.691	.686	.680	.675	.670	.664	.659	.654	.649	.643	.638	.633	.627	.622
74	.740	.735	.729	.724	.719	.713	.708	.703	.697	.692	.687	.681	.676	.671	.666	.660	.655	.650
75	.768	.763	.758	.752	.747	.742	.737	.731	.726	.721	.715	.710	.705	.699	.694	.689	.683	.678

(76)

TABLE XI,

For finding the Relative Humidity of the Air from the readings of the dry t and wet bulb t' thermometers, at the mean barometric pressure of 23·4 inches.

Wet bulb t'.	Values of $t-t'$ in Degrees, Fahrenheit.																		
	0	0·5	1	1·5	2	2·5	3	3·5	4	4·5	5	5·5	6	6·5	7	7·5	8	8·5	9
15	100	93	86	79	72	66	60	54	49	42	38	33	28	23	19	15	11	7	3
16	100	93	86	79	73	67	62	56	49	44	39	35	30	25	21	17	13	10	6
17	100	94	87	80	74	68	62	57	52	46	41	36	32	27	23	19	16	12	9
18	100	94	87	80	74	69	63	58	53	48	43	38	34	29	25	22	18	15	11
19	100	94	87	81	75	70	64	59	54	49	45	40	36	31	28	24	20	17	14
20	100	94	88	82	76	70	65	60	55	51	46	42	37	33	29	26	22	19	16
21	100	94	88	82	76	71	66	61	57	52	47	43	39	35	31	28	25	21	18
22	100	94	88	83	77	72	67	62	58	53	49	45	41	37	33	30	27	23	20
23	100	94	88	83	78	73	68	63	59	54	50	46	42	39	35	32	28	25	22
24	100	95	89	84	78	74	69	64	59	55	52	48	44	40	37	33	30	27	24
25	100	95	89	84	79	74	69	65	61	57	53	49	45	41	38	35	32	29	26
26	100	95	90	85	79	75	70	66	62	58	54	50	46	43	40	37	34	31	28
27	100	95	90	85	80	76	71	67	63	59	55	51	48	44	41	38	35	32	30
28	100	95	90	85	81	76	72	68	64	60	56	53	49	46	43	40	36	34	31
29	100	95	90	86	81	77	73	69	65	61	57	54	51	47	44	41	38	35	33
30	100	95	90	86	82	77	74	69	65	62	59	55	52	49	46	43	40	37	35
31	100	95	91	87	82	78	74	70	67	63	60	56	53	50	47	44	41	38	36
32	100	95	89	86	82	78	74	70	66	62	59	55	52	49	46	43	40	38	35
33	100	95	90	86	82	78	74	71	67	63	60	56	53	50	47	44	42	39	37
34	100	95	90	87	83	79	75	71	68	64	61	57	54	51	48	45	43	40	38
35	100	96	91	87	83	79	76	72	68	65	62	58	55	52	49	47	44	41	39
36	100	96	91	87	83	80	76	73	69	66	62	59	56	54	50	48	45	42	40
37	100	96	91	88	84	80	77	73	70	67	63	60	57	54	51	49	46	43	41
38	100	96	92	88	84	81	77	74	70	67	64	61	58	55	52	50	47	44	42
39	100	96	92	88	84	81	78	74	71	68	65	62	59	56	53	51	48	46	43
40	100	96	92	88	85	81	78	75	72	68	66	63	60	57	54	52	49	47	44
41	100	96	92	89	85	82	78	75	72	69	66	64	61	58	55	53	50	48	45
42	100	96	92	89	85	82	79	76	73	70	67	64	62	59	56	53	51	49	46
43	100	96	93	89	86	82	79	76	73	70	68	65	62	60	57	54	52	50	47
44	100	96	93	89	86	83	80	77	74	71	68	65	63	60	58	55	53	50	48

(77)

TABLE XI,

For finding the Relative Humidity of the Air from the readings of the dry t and wet bulb t' thermometers, at the mean barometric pressure of 23·4 inches—(*continued*).

Wet bulb t'.	\multicolumn{18}{c}{VALUES OF $t-t'$ IN DEGREES, FAHRENHEIT.}

Wet bulb t'.	9·5	10	10·5	11	11·5	12	12·5	13	13·5	14	14·5	15	15·5	16	16·5	17	17·5	18
15	1																	
16	2																	
17	5	1																
18	7	5	1															
19	10	7	4	1														
20	12	9	6	3	1													
21	15	12	9	6	3	1												
22	17	14	11	8	6	3	1											
23	19	16	13	11	8	6	3	1										
24	21	18	15	13	10	8	6	4	1									
25	23	20	18	15	13	10	8	6	4	2								
26	25	22	20	17	15	13	11	8	6	4	2							
27	27	24	22	19	17	15	13	11	9	7	5	3						
28	29	26	24	21	19	17	15	13	11	9	7	5	3	1				
29	30	28	25	23	21	19	17	15	13	11	9	7	5	4	2			
30	32	30	27	25	23	21	19	17	15	13	11	9	8	6	4	3		
31	33	31	29	27	24	22	20	18	16	15	13	11	9	8	6	5	3	2
32	32	30	27	24	22	20	18	16	14	12	10	8	6	5	3	2	5	
33	34	31	29	26	24	22	20	18	16	14	12	10	9	7	5	4	2	1
34	35	33	30	28	25	23	21	20	18	16	14	12	11	9	7	6	4	3
35	36	34	32	29	27	25	23	21	19	18	16	14	12	11	9	8	6	5
36	37	35	33	31	28	26	25	23	21	19	17	16	14	13	11	10	8	6
37	39	36	34	32	30	28	26	24	22	21	19	17	16	14	13	11	9	8
38	40	38	36	33	31	29	27	26	24	22	20	19	17	16	14	13	11	10
39	41	39	37	35	32	31	29	27	25	24	22	20	19	17	16	14	13	11
40	42	40	38	36	34	32	30	29	27	25	23	22	20	18	17	16	14	13
41	43	41	39	37	35	33	31	30	28	26	25	23	22	20	18	17	16	14
42	44	42	40	38	36	34	33	31	29	28	26	24	23	21	20	18	17	16
43	45	43	41	39	37	35	34	32	30	29	27	25	24	22	21	20	18	17
44	46	44	42	40	38	37	35	33	31	30	28	27	25	24	22	21	20	18

(78)

TABLE XI,

For finding the Relative Humidity of the Air from the readings of the dry t and wet bulb t' thermometers, at the mean barometric pressure of 23·4 inches—(*continued*).

Wet bulb t'.	Values of $t-t'$ in Degrees, Fahrenheit.																		
	0	0·5	1	1·5	2	2·5	3	3·5	4	4·5	5	5·5	6	6·5	7	7·5	8	8·5	9
45	100	96	93	90	86	83	80	77	74	71	69	66	63	61	59	56	54	51	49
46	100	96	93	90	87	83	80	77	75	72	69	67	64	61	59	57	55	52	50
47	100	96	93	90	87	84	81	78	75	72	70	67	65	62	60	57	55	53	51
48	100	97	93	90	87	84	81	78	75	73	70	68	65	63	61	58	56	54	52
49	100	97	93	90	87	84	81	79	76	73	71	68	66	64	61	59	57	54	52
50	100	97	93	91	88	85	82	79	76	74	71	69	66	64	62	60	58	55	53
51	100	97	94	91	88	85	82	79	77	74	72	69	67	65	62	60	59	56	54
52	100	97	94	91	88	85	82	80	77	75	72	70	67	65	63	61	59	57	55
53	100	97	94	91	88	85	83	80	78	75	73	70	68	66	64	62	60	57	56
54	100	97	94	91	88	86	83	80	78	76	73	71	68	66	64	62	60	58	56
55	100	97	94	91	88	86	83	81	78	76	74	71	69	67	65	63	61	59	57
56	100	97	94	91	89	86	83	81	79	76	74	72	69	67	65	63	61	59	57
57	100	97	94	92	89	86	84	81	79	77	74	72	70	67	66	64	62	60	58
58	100	97	94	92	89	86	84	81	79	77	75	72	70	68	66	64	62	60	59
59	100	97	94	92	89	87	84	82	79	77	75	73	71	69	67	65	63	61	59
60	100	97	95	92	89	87	84	82	80	77	75	73	71	69	67	65	63	61	60
61	100	97	95	92	90	87	84	82	80	78	76	73	71	70	68	66	64	62	60
62	100	97	95	92	90	87	85	82	80	78	76	74	72	70	68	66	64	62	61
63	100	97	95	92	90	87	85	83	80	78	76	74	72	70	68	67	65	63	61
64	100	97	95	92	90	88	85	83	81	78	77	74	73	71	69	67	65	63	62
65	100	97	95	92	90	88	86	83	81	79	77	75	73	71	69	67	66	64	62
66	100	97	95	92	90	88	86	83	81	79	77	75	73	71	70	68	66	64	63
67	100	97	95	93	90	88	86	84	81	79	78	76	74	72	70	68	67	65	63
68	100	97	95	93	90	88	86	84	82	79	78	76	74	72	70	69	67	65	63
69	100	97	95	93	91	88	86	84	82	80	78	76	74	72	71	69	67	66	64
70	100	98	95	93	91	89	86	84	82	80	78	76	75	73	71	69	68	66	64
71	100	98	95	93	91	89	86	84	82	80	78	77	75	73	71	70	68	66	65
72	100	98	95	93	91	89	87	85	82	80	79	77	75	73	72	70	68	67	65
73	100	98	96	93	91	89	87	85	83	81	79	77	75	74	72	70	69	67	65
74	100	98	96	93	91	89	87	85	83	81	79	77	76	74	72	71	69	67	66
75	100	98	96	93	91	89	87	85	83	81	80	78	76	74	72	71	69	68	66

(79)

TABLE XI,

For finding the Relative Humidity of the Air from the readings of the dry t and wet bulb t' thermometers, at the mean barometric pressure of 23·4 inches—(*concluded*).

Wet bulb t'.	Values of $t-t'$ in Degrees, Fahrenheit.																	
	9·5	10	10·5	11	11·5	12	12·5	13	13·5	14	14·5	15	15·5	16	16·5	17	17·5	18
45	47	45	43	41	39	38	36	34	33	31	29	28	27	25	24	22	21	20
46	48	46	44	42	40	39	37	35	34	32	30	29	28	26	25	24	22	21
47	49	47	45	43	41	40	38	36	35	33	32	30	29	27	26	25	23	22
48	50	48	46	44	42	41	39	37	36	34	33	31	30	28	27	26	24	23
49	51	49	47	45	43	42	40	38	37	35	34	32	31	29	28	27	25	24
50	51	50	48	46	44	43	41	39	38	36	35	33	32	31	29	28	27	25
51	52	50	49	47	45	43	42	40	39	37	36	34	33	32	30	29	28	26
52	53	51	50	48	46	44	43	41	40	38	37	35	34	32	31	30	29	27
53	53	52	50	49	47	45	44	42	41	39	38	36	35	33	32	31	30	28
54	54	53	51	49	48	46	45	43	41	40	39	37	36	34	33	32	31	29
55	55	53	51	50	48	47	46	44	42	41	39	38	36	35	34	33	31	30
56	56	54	52	50	49	47	46	45	43	41	40	39	37	36	35	33	32	31
57	56	55	53	51	49	48	47	45	44	42	41	39	38	37	35	34	33	32
58	57	55	54	52	50	49	47	46	44	43	42	40	39	38	36	35	34	32
59	57	56	54	53	51	49	48	46	45	44	42	41	40	39	37	36	34	33
60	58	56	55	53	52	50	49	47	46	44	43	42	40	39	38	37	35	34
61	59	57	55	54	52	51	49	48	46	45	43	42	41	40	39	37	36	35
62	59	57	56	54	53	51	50	48	47	45	44	43	42	40	39	38	37	36
63	59	58	56	55	53	52	50	49	47	46	44	44	42	41	40	39	38	37
64	60	59	57	55	54	52	51	49	48	46	45	44	43	41	40	39	38	37
65	61	59	57	56	54	53	51	50	48	47	46	45	43	42	41	40	39	38
66	61	59	58	56	55	53	52	50	49	48	46	45	44	43	42	41	39	38
67	62	60	58	57	55	54	52	51	49	48	47	46	45	44	42	41	40	39
68	62	60	59	57	56	54	53	51	50	49	48	47	45	44	43	42	41	40
69	62	61	59	58	56	55	53	52	50	49	48	47	46	45	44	43	41	40
70	63	61	60	58	57	55	54	52	51	50	49	48	47	45	44	43	42	41
71	63	62	60	59	57	56	54	53	51	50	49	48	47	46	45	44	43	42
72	64	62	61	59	58	56	55	53	52	51	50	48	47	46	45	44	43	42
73	64	63	61	60	58	57	55	54	53	52	50	49	48	47	46	45	44	43
74	64	63	61	60	59	57	56	55	53	52	51	50	49	47	46	45	44	43
75	65	63	62	60	59	58	56	55	54	53	52	50	49	48	47	46	45	44

(80)

TABLE XII,

For finding the Weight of Water Vapour, in Troy grains, in each cubic foot of air at each temperature, and for any given vapour tension p, as expressed in inches of mercury, in latitude 22°.

p.	Temperature of Air.												
	2°.	7°.	12°.	17°.	22°.	27°.	32°.	37°.	42°.	47°.	52°.	57°.	62°.
·001	0·01	0·01	0·01	0·01	0·01	0·01	0·01	0·01	0·01	0·01	0·01	0·01	0·01
·002	0·02	0·02	0·02	0·02	0·02	0·02	0·02	0·02	0·02	0·02	0·02	0·02	0·02
·003	0·04	0·04	0·04	0·04	0·04	0·04	0·03	0·03	0·03	0·03	0·03	0·03	0·03
·004	0·05	0·05	0·05	0·05	0·05	0·05	0·05	0·05	0·05	0·05	0·04	0·04	0·04
·005	0·06	0·06	0·06	0·06	0·06	0·06	0·06	0·06	0·06	0·06	0·06	0·06	0·05
·006	0·07	0·07	0·07	0·07	0·07	0·07	0·07	0·07	0·07	0·07	0·07	0·07	0·07
·007	0·09	0·09	0·09	0·08	0·08	0·08	0·08	0·08	0·08	0·08	0·08	0·08	0·08
·008	0·10	0·10	0·10	0·10	0·10	0·09	0·09	0·09	0·09	0·09	0·09	0·09	0·09
·009	0·11	0·11	0·11	0·11	0·11	0·11	0·10	0·10	0·10	0·10	0·10	0·10	0·10
·010	0·12	0·12	0·12	0·12	0·12	0·12	0·12	0·12	0·11	0·11	0·11	0·11	0·11
·020	0·25	0·25	0·24	0·24	0·24	0·24	0·23	0·23	0·23	0·23	0·22	0·22	0·22
·030	0·37	0·37	0·36	0·36	0·36	0·35	0·35	0·35	0·34	0·34	0·34	0·33	0·33
·040	0·50	0·49	0·49	0·48	0·48	0·47	0·47	0·46	0·46	0·45	0·45	0·44	0·44
·050	0·62	0·61	0·61	0·60	0·59	0·59	0·58	0·58	0·57	0·57	0·56	0·55	0·55
·060	0·74	0·74	0·73	0·72	0·71	0·71	0·70	0·69	0·69	0·68	0·67	0·67	0·66
·070	0·87	0·86	0·85	0·84	0·83	0·82	0·82	0·81	0·80	0·79	0·78	0·78	0·77
·080	0·99	0·98	0·97	0·96	0·95	0·94	0·93	0·92	0·91	0·90	0·90	0·89	0·88
·090	1·12	1·10	1·09	1·08	1·07	1·06	1·05	1·04	1·03	1·02	1·01	1·00	0·99
·100	1·24	1·23	1·21	1·20	1·19	1·18	1·16	1·15	1·14	1·13	1·12	1·11	1·10
·200	2·48	2·46	2·43	2·40	2·38	2·35	2·33	2·31	2·28	2·26	2·24	2·22	2·20
·300	3·72	3·68	3·64	3·61	3·57	3·53	3·49	3·46	3·43	3·39	3·36	3·33	3·30
·400	4·96	4·91	4·86	4·81	4·76	4·71	4·66	4·62	4·57	4·52	4·48	4·41	4·39
·500	6·21	6·14	6·07	6·01	5·95	5·89	5·82	5·77	5·71	5·66	5·60	5·55	5·49
·600	7·45	7·37	7·29	7·21	7·14	7·06	6·99	6·92	6·85	6·79	6·72	6·66	6·59
·700	8·69	8·59	8·50	8·41	8·33	8·24	8·16	8·08	8·00	7·92	7·84	7·76	7·69
·800	9·93	9·82	9·72	9·62	9·52	9·42	9·32	9·23	9·14	9·05	8·96	8·87	8·79
·900	11·17	11·05	10·93	10·82	10·71	10·60	10·48	10·38	10·28	10·18	10·08	9·98	9·89
1·000	12·41	12·28	12·15	12·02	11·90	11·77	11·65	11·54	11·42	11·31	11·20	11·09	10·99
2·000	24·82	24·56	24·30	24·04	23·79	23·55	23·30	23·08	22·84	22·62	22·40	22·18	21·97

(81)

TABLE XII,

For finding the Weight of Water Vapour, in Troy grains, in each cubic foot of air at each temperature, and for any given vapour tension p, as expressed in inches of mercury, in latitude 22°—*(continued).*

p.	TEMPERATURE OF AIR.											
	67°.	72°.	77°.	82°.	87°.	92°.	97°.	102°.	107°.	112°.	117°.	122°.	127°.
·001	0·01	0·01	0·01	0·01	0·01	0·01	0·01	0·01	0·01	0·01	0·01	0·01	0·01
·002	0·02	0·02	0·02	0·02	0·02	0·02	0·02	0·02	0·02	0·02	0·02	0·02	0·02
·003	0·03	0·03	0·03	0·03	0·03	0·03	0·03	0·03	0·03	0·03	0·03	0·03	0·03
·004	0·04	0·04	0·04	0·04	0·04	0·04	0·04	0·04	0·04	0·04	0·04	0·04	0·04
·005	0·05	0·05	0·05	0·05	0·05	0·05	0·05	0·05	0·05	0·05	0·05	0·05	0·05
·006	0·07	0·06	0·06	0·06	0·06	0·06	0·06	0·06	0·06	0·06	0·06	0·06	0·06
·007	0·08	0·08	0·07	0·07	0·07	0·07	0·07	0·07	0·07	0·07	0·07	0·07	0·07
·008	0·09	0·09	0·09	0·08	0·08	0·08	0·08	0·08	0·08	0·08	0·08	0·08	0·08
·009	0·10	0·10	0·10	0·10	0·09	0·09	0·09	0·09	0·09	0·09	0·09	0·09	0·09
·010	0·11	0·11	0·11	0·11	0·10	0·10	0·10	0·10	0·10	0·10	0·10	0·10	0·10
·020	0·22	0·22	0·21	0·21	0·21	0·21	0·21	0·20	0·20	0·20	0·20	0·20	0·20
·030	0·33	0·32	0·32	0·32	0·31	0·31	0·31	0·31	0·30	0·30	0·30	0·30	0·29
·040	0·44	0·43	0·43	0·42	0·42	0·42	0·41	0·41	0·40	0·40	0·40	0·39	0·39
·050	0·54	0·54	0·53	0·53	0·52	0·52	0·51	0·51	0·51	0·50	0·50	0·49	0·49
·060	0·65	0·65	0·64	0·63	0·63	0·62	0·62	0·61	0·61	0·60	0·60	0·59	0·59
·070	0·76	0·75	0·75	0·74	0·73	0·73	0·72	0·71	0·71	0·70	0·70	0·69	0·68
·080	0·87	0·86	0·85	0·85	0·84	0·83	0·82	0·82	0·81	0·80	0·80	0·79	0·78
·090	0·98	0·97	0·96	0·95	0·94	0·94	0·93	0·92	0·91	0·90	0·90	0·89	0·88
·100	1·09	1·08	1·07	1·06	1·05	1·04	1·03	1·02	1·01	1·00	0·99	0·99	0·98
·200	2·18	2·16	2·14	2·12	2·10	2·08	2·06	2·04	2·02	2·00	1·99	1·97	1·95
·300	3·26	3·23	3·20	3·17	3·15	3·12	3·09	3·06	3·03	3·01	2·98	2·96	2·93
·400	4·35	4·31	4·27	4·23	4·19	4·16	4·12	4·08	4·05	4·01	3·98	3·94	3·91
·500	5·44	5·39	5·34	5·29	5·24	5·20	5·15	5·10	5·06	5·01	4·97	4·93	4·89
·600	6·53	6·47	6·41	6·35	6·29	6·23	6·18	6·12	6·07	6·02	5·96	5·91	5·86
·700	7·62	7·55	7·48	7·41	7·34	7·27	7·21	7·14	7·08	7·02	6·96	6·90	6·84
·800	8·71	8·62	8·54	8·47	8·39	8·31	8·24	8·16	8·09	8·02	7·95	7·88	7·82
·900	9·79	9·70	9·61	9·52	9·44	9·35	9·27	9·19	9·10	9·03	8·95	8·87	8·79
1·000	10·88	10·78	10·68	10·58	10·49	10·39	10·30	10·21	10·12	10·03	9·94	9·86	9·77
2·000	21·77	21·56	21·36	21·16	20·97	20·78	20·59	20·41	20·23	20·06	19·88	19·71	19·54

L

www.ingramcontent.com/pod-product-compliance
Lightning Source LLC
Chambersburg PA
CBHW020301090426
42735CB00009B/1168